Die Aufgaben

der

Staatsprüfung

für den

höheren Justiz- und Verwaltungsdienst in Bayern.

1925

Heft 2: Prüfung November 1925.

Mit amtlicher Erlaubnis.

München 1925.
J. Schweitzer Verlag (Arthur Sellier.)

Die

Staatsprüfungs-Aufgaben

im Jahre 1925.

Heft 2. Prüfung November 1925.

Universitäts-Buchdruckerei von Dr. C. Wolf & Sohn in München.

Inhalt.

Erste Abteilung.

1. Aufgabe.

(Arbeitsfrist 5 Stunden.)

Die Witwe Klara Schmid in Felden begann Anfangs Januar 1925 sich eines entfernten Verwandten ihres verstorbenen Mannes, des vermögenslosen 23jährigen Medizinstudierenden Otto Bauer anzunehmen. Dieser kam häufig in ihre Wohnung, lernte dabei die im gleichen Hause wohnende Papiergeschäftsinhaberin Anna Rau kennen und fing hinter dem Rücken der Witwe Schmid mit ihr ein Liebesverhältnis an. Er gab sich der Rau gegenüber als vermögend aus; daß er von der Schmid unterstützt wurde, verschwieg er. Ohne Vorwissen der Schmid übergab er schenkungsweise der Rau einen Smaragdring, den ihm die Schmid geschenkt hatte, und ein goldenes Petschaft, das ihm von der Schmid geliehen worden war. Die Rau, die der Meinung war, Bauer habe die Sachen für sie beim Juwelier gekauft, veräußerte das Petschaft um 200 RM., von denen sie 100 RM. zusammen mit Bauer auf einem größeren Vergnügungsausfluge für die Reisekosten verbrauchte, während sie um die anderen 100 RM. Waren für ihr Geschäft anschaffte. Den Smaragdring behielt sie.

Betrügerischerweise bewog Bauer die Witwe Schmid, ihm gegen ein Album mit gefälschten Briefmarken ein wertvolles Armband im Tauschwege zu überlassen; außerdem stahl er der Schmid eine Perlenkette und ein Paar Brillantohrringe. Alle diese Gegenstände gab er der Rau als Geschenke. Diese, auch hier wieder gutgläubig, bewahrte das Armband auf; die Perlenkette vertauschte sie gegen Aktien im Nennwerte von 1000 RM. an einen Auswanderer, der samt der Perlenkette bei einem Schiffsunglücke zu grunde ging; die Brillantohrringe verpfändete sie um 300 RM. bei der städtischen Leihanstalt. Die eingetauschten Aktien erlangten kurze

Zeit darnach einen Kurswert von 1800 RM., während sie beim Tausche nur den Nennwert gegolten hatten.

Witwe Schmid versprach dem Bauer mündlich, ihm 200 RM. zu schenken, wenn er seine Prüfung bestehe. Bauer, der durch Unvorsichtigkeit ein Auslagenfenster der Rau beschädigt und ihr so einen Schaden von 200 RM. zugefügt hatte, spiegelte der Witwe Schmid vor, er habe seine Prüfung bestanden, und bat sie, die ihm versprochenen 200 RM. zur Deckung seiner Schuld an die Rau zu bezahlen. Witwe Schmid, in der Meinung, an ihr Versprechen gebunden zu sein, zahlte die 200 RM. an die Rau aus.

Im Juni 1925 erfuhr die Witwe Schmid von den Schwindeleien und Diebstählen, die Bauer ihr gegenüber begangen hatte. Sie brach alle Beziehungen zu ihm ab und erklärte ihm wegen groben Undankes den Widerruf aller Schenkungen. Als Bauer dies erfuhr, verkaufte er eine goldene Uhr, die er als ein Geschenk der Schmid noch im Besitze hatte und die 200 RM. wert war, um 50 RM. an die Rau, wobei er ihr mitteilte, daß die Uhr ein Geschenk der Schmid sei, daß diese die Schenkung „wegen angeblicher Undankbarkeit" widerrufen habe und daß er es vorziehe, die Uhr, — statt sie der Schmid zurückzugeben, wozu er sich gar nicht für verpflichtet erachte, — ihr billig zu überlassen.

Welche Ansprüche hat die Witwe Schmid gegen Otto Bauer und Anna Rau wegen der Vermögenseinbußen, die sie durch ersteren erlitt?

Die Antworten sind unter Anführung der Gesetzesstellen zu begründen.

---

2. Aufgabe.

(Arbeitsfrist 5 Stunden.)

Der Kaufmann Anton Hölzer in Pasing schuldete der bayerischen Automobilfabrik Gräfelfing A.G. für einen Kraftwagen 2000 M. Die Automobilfabrik Gräfelfing A.G zog deshalb auf Hölzer einen an ihre eigene Order gestellten Wechsel de dato 28. Mai 1925 über 2000 ℳ, fällig am 12. Juli 1925. Hölzer akzeptierte ihn und gab ihn der Automobilfabrik A.G. zurück. Diese schickte ihn mit ihrem Vollindossamente versehen am 2. Juni 1925 mit folgendem Schreiben an die bayerische Volksbank in Pasing, mit der sie in Kontokorrentverkehr stand:

„Wir übersenden Ihnen einliegenden Wechsel zwecks Diskontierung und Bezahlung oder Gutschrift der Valuta."

Die Volksbank behielt sich die Diskontierung bis zum Eintreffen einer Auskunft über den Akzeptanten vor. Nachdem die Auskunft nicht günstig ausgefallen war, schrieb die Volksbank am 5. Juni 1925 der Automobilfabrik A.G.:

„Wir können den Wechsel nicht diskontieren, werden ihn aber zur Deckung Ihrer Kontokorrentschuld an uns zurückbehalten; wir nehmen ihn auf Grund der Ziffer 2 unserer allgemeinen Geschäftsbedingungen, die Sie anerkannt haben, in Pfand."

Die Ziffer 2 der allgemeinen Geschäftsbedingungen der Volksbank, die von der Automobilfabrik Gräfelfing A.G. schriftlich anerkannt worden sind, als sie zu der Volksbank in Kontokorrentverkehr trat, lautet:

„An allen Wertpapieren und sonstigen Vermögenswerten eines Kunden, welche aus irgend einem Grunde in den Besitz der Bank oder einer Zweigniederlassung gelangen, steht der Bank ein Pfandrecht zu zur Sicherung aller Ansprüche, welche ihr aus irgend einem Rechtsgrunde gegen den Kunden jeweils zustehen ... Soweit der Bank an den in ihren Besitz gelangten Vermögenswerten des Kunden aus irgend einem Grunde ein wirksames Pfandrecht nicht zustehen sollte, ist sie zur Zurückbehaltung derselben insolange befugt, als ihr ein Anspruch irgendwelcher Art gegen den Kunden zusteht."

Die Automobilfabrik Gräfelfing A.G. schuldete der Volksbank aus dem Kontokorrent 8000 ℳ. In dieser Höhe besteht die Kontokorrentschuld seit 15. April 1925.

Die Automobilfabrik Gräfelfing A.G. erwiderte der Volksbank auf deren Schreiben vom 5. Juni 1925 am 14. Juni 1925, daß ihr die Zurückbehaltung des Wechsels sehr peinlich sei und sie den Wechsel zurückverlange.

Gleichwohl indossierte die Volksbank den Wechsel am 7. Juni 1925 an die Diskontogesellschaft Frankfurt a. M. weiter, in deren Auftrag er am 15. Juli 1925 dem Hölzer zur Zahlung präsentiert und mangels Zahlung protestiert wurde. Sodann ging er an die Volksbank zurück.

Diese erhob nun als Wechselinhaber gegen Hölzer als Akzeptanten und gegen die Automobilfabrik Gräfelfing A.G. als Ausstellerin und Indossantin des Wechsels zum Landgerichte Felden Klage im Wechselprozeß auf samtverbindliche Verurteilung derselben zur Zahlung von 2000 ℳ nebst 6 % Zinsen hieraus seit 12. Juli 1925 und 21 ℳ Kosten und Provision. Durch Versäumnisurteil des Landgerichts Felden vom 22. August 1925 wurde die Automobilfabrik Gräfelfing A.G. dem Klagsantrag entsprechend verurteilt. Das Versäumnisurteil wurde rechtskräftig.

Hölzer aber widersprach der Klage und beantragte deren Abweisung, worauf die Volksbank insoweit vom Wechselprozeß abstand und in das ordentliche Verfahren überging. Hölzer wendet ein:

Nachdem die Volksbank die Diskontierung abgelehnt habe, sei sie nicht mehr berechtigt gewesen, den Wechsel weiter zu indossieren; sie habe an dem Wechsel kein Eigentumsrecht erlangt. Ein Pfandrecht habe sie an dem Wechsel nicht erworben, denn der Wechsel sei nicht zu diesem Zwecke hingegeben worden. Auch ein Zurückbehaltungsrecht könne die Volksbank nicht geltend machen. Dies schon deshalb nicht, weil sie selbst behaupte, Eigentum an dem Wechsel zu besitzen, an der eigenen Sache aber ein Zurückbehaltungsrecht ausgeschlossen sei. Abgesehen davon sei aber der Wechsel ausdrücklich zur Diskontierung übersendet worden. Nachdem sie diese abgelehnt habe, verstoße die Ausübung des Zurückbehaltungsrechts gegen Treu und Glauben. Im übrigen habe er, Hölzer, die Wechselsumme tatsächlich dadurch bezahlt, daß er zu Gunsten der Automobilfabrik Gräfelfing A.G. eine Schuld derselben bei Kieling & Co. in Stuttgart in Höhe von 1800 ℳ am 25. Juni 1925 beglichen habe, und es sei am 1. Juli 1925 zwischen ihm und der Automobilfabrik ausgemacht worden, daß damit der Wechsel bezahlt sein solle und zurückgegeben werden müsse.

Die Klägerin erwiderte:

Die Automobilfabrik habe den indossierten Wechsel ohne Rücksicht darauf, ob er diskontiert werde oder nicht, hingegeben. Sonst hätte sie ja mit der Indossierung und Hingabe warten können, bis sich die Klägerin über die Diskontierung schlüssig gemacht habe. Indossierung und Hingabe des Wechsels seien also bedingungslos erfolgt und dadurch sei Klägerin Eigentümerin des Wechsels geworden. Bedingt sei nur die Frage gewesen, ob die Klägerin den Wechsel für genügend wert hielt, um hiefür eine bestimmte Kaufpreissumme zu zahlen oder gutzuschreiben. Jedenfalls habe die Klägerin ein Pfandrecht an dem Wechsel dadurch erworben, daß die Automobilfabrik sich von vornherein durch Unterwerfung unter die Geschäftsbedingungen der Klägerin mit der Pfandbestellung einverstanden erklärt habe. Mindestens habe die Klägerin ein Zurückbehaltungsrecht. Die Klägerin bestreite nicht, daß Hölzer für die Automobilfabrik die 1800 ℳ bezahlt und später mit ihr vereinbart habe, daß der Wechsel dadurch bezahlt sein soll. Allein dies könne ihr nicht entgegen gehalten werden. Denn über ihr Recht konnten nicht der Beklagte Hölzer und die Automobilfabrik verfügen. Abgesehen davon sei allerdings die Zahlung der 1800 ℳ an Kieling & Co. durch den Beklagten Hölzer erfolgt, ehe dieser davon Kenntnis hatte, daß die Klägerin an dem Wechsel Rechte geltend macht; die Vereinbarung vom 1. Juli 1925 aber sei erst hernach getroffen worden.

Der Beklagte gab auf Befragen des Gerichts zu, daß er am 1. Juli 1925 gewußt habe, daß die Volksbank die Diskontierung des Wechsels abgelehnt, dagegen erklärt habe, sie wolle ihn zur Deckung der Kontokorrentschuld der Automobilfabrik verwenden.

Wie ist zu entscheiden?

Die Antwort ist unter Anführung der gesetzlichen Vorschriften zu begründen.

3. Aufgabe.

(Arbeitsfrist 5 Stunden.)

Der Rechtsanwalt Huber in Felden erhielt folgenden Brief:

Sehr geehrter Herr Rechtsanwalt!

Mein Vater und meine Stiefmutter, die Kaufmannseheleute Robert und Maria Adam, die im gesetzlichen Güterstande lebten, haben am 3. Mai 1916 ein notarielles Testament errichtet. In diesem setzte mein Vater unsere Stiefmutter zur alleinigen Erbin ein und ordnete an, daß nach dem Tode der Stiefmutter wir Kinder zu gleichen Teilen seinen Nachlaß erhalten sollten. Unsere Stiefmutter setzte für den Fall, daß sie vor dem Vater sterben würde, diesen, für den Fall ihres Überlebens aber ihre Schwester Anna Bornschlegel zur einen Hälfte und uns Kinder zur anderen Hälfte als Erben ein. Am Schlusse des Testamentes heißt es wörtlich: „Wir behalten uns jeder von uns das Recht vor, diese unsere letztwillige Verfügung zu ändern, und zwar nicht nur gemeinschaftlich, sondern auch ein jeder von uns besonders, sowohl vor als auch nach dem Tode des anderen. Der überlebende Teil darf auch die Verfügung des verstorbenen ändern. Keines von uns darf jedoch das dem andern von uns in diesem Testamente eingeräumte Erbrecht beeinträchtigen."

Mein Vater ist am 20. Januar 1920 gestorben. Die Stiefmutter hat auf Grund des Testaments vom 3. Mai 1916 die Erbschaft angetreten. Sie ist am 12. September 1924 gestorben.

Bei den Nachlaßverhandlungen stellte sich heraus, daß sie am 3. September 1920 ein notarielles Testament errichtet hatte, in welchem sie bestimmte, daß nach ihrem Tode der Nachlaß meines Vaters an uns Kinder und ihre Schwester Anna Bornschlegel zu gleichen Teilen fallen solle, ferner daß in ihren eigenen Nachlaß ihre Schwester Anna Bornschlegel zu zwei Drittel und wir Kinder zu einem Drittel Erben sein sollten.

Als mein Vater starb, hinterließ er an Kindern mich, meinen Bruder Alois Adam, Kaufmann in Felden, und meine

Schwester Christine verwitwete Kuhnlein. Letztere ist am 2. Oktober 1923 mit Hinterlassung eines einzigen Kindes, der volljährigen Maria Kuhnlein gestorben; sie hat keine Verfügung von Todeswegen getroffen.

Der Nachlaß meines Vaters bestand aus dem Hause Nr. 10 an der Tannenbergstraße in Felden, Kleidern, Wäsche und einer Wohnungseinrichtung. Der Nachlaß dürfte 50000 *M* wert sein. Der Nachlaß der Stiefmutter besteht abgesehen von Kleidern und Wäsche in einem Landhause in Kiefer. Der Nachlaß der Stiefmutter dürfte 20000 *M* wert sein.

Das Amtsgericht Felden hat am 2. Januar 1925 einen Erbschein dahin ausgestellt, daß mein Vater von mir, meinem Bruder Alois, meiner Nichte Maria Kuhnlein und der Anna Bornschlegel zu gleichen .Teilen und daß meine Stiefmutter von Anna Bornschlegel zu zwei Drittel und von mir, meinem Bruder Alois und meiner Nichte zu je ein Neuntel beerbt worden ist. Auf Antrag der Anna Bornschlegel sind das Haus Nr. 10 an der Tannenbergstraße in Felden und das Landhaus in Kiefer auf die im Erbschein bezeichneten Erben entsprechend dem Erbschein als in Erbengemeinschaft befindlich im Grundbuch umgeschrieben worden.

1. Nach meiner Ansicht war meine Stiefmutter nicht berechtigt, das Testament vom 3. September 1920 zu errichten. Daß sie nicht meinem Vater seinen Erben ernennen konnte, versteht sich wohl von selbst. Aber auch für sich konnte sie das Testament vom 3. Mai 1916 nicht mehr ändern, nachdem sie einmal die Erbschaft meines Vaters angenommen hatte.

   Ich bitte Sie nun um Auskunft:

   a) ob meine Ansicht richtig ist?
   b) Kann ich gegen den Erbschein Beschwerde einlegen oder welches Mittel habe ich sonst, um den Erbschein zu beseitigen?
   c) Kann ich etwa gegen die Eintragung der Erbengemeinschaft im Grundbuch Beschwerde einlegen oder muß ich, weil das Grundbuchamt an den Erbschein gebunden ist, warten, bis der Erbschein beseitigt ist?

Ich darf Sie um Beantwortung der Fragen b und c auch für den Fall bitten, daß Sie in der Antwort zu a meine Ansicht nicht billigen; denn ich will unter allen Umständen eine gerichtliche Entscheidung herbeiführen.

2. Meine Nichte Marie Kuhnlein hat, veranlaßt durch ihren damaligen Bräutigam, auf Auszahlung ihres großväterlichen Erbteils gedrängt. Da ich und mein Bruder hierauf nicht eingingen, hat sie am 3. Februar 1925 zu Urkunde des Notariats Felden ihren Erbteil dem Kaufmann Abraham Söhnlein in Felden verkauft. Die notarielle Urkunde lautet:

„Frl. Marie Kuhnlein tritt um den Preis von 20000 ℳ an Herrn Abraham Söhnlein ihren Erbteil am Nachlasse ihres Großvaters Robert Adam ab. Insbesondere läßt sie ihm ihren Anteil an dem Hause Nr. 10 an der Tannebergstraße in Felden auf, was Herr Söhnlein hiemit annimmt. Frl. Kuhnlein quittiert hiemit über den Empfang der 20000 ℳ und beantragt und bewilligt, daß ihr Anteil an dem Hause auf Herrn Söhnlein im Grundbuch für Felden umgeschrieben wird."

Im Vollzuge dieser Urkunde wurde dann auch im Grundbuch für Felden eingetragen, daß in der Erbengemeinschaft, welcher das Haus gehört, an die Stelle der Maria Kuhnlein auf Grund Erbschaftskaufs Abraham Söhnlein getreten ist.

Meine Nichte Maria Kuhnlein hat sich später mit ihrem Bräutigam entzweit und uns in der vorigen Woche folgendes Schriftstück vorgelegt:

„Herr Abraham Söhnlein kauft den Erbteil der Fräulein Maria Kuhnlein am Nachlasse ihres Großvaters Adam um 6000 ℳ. Fräulein Kuhnlein ist berechtigt bis 1. Januar 1926 zu verlangen, daß ihr der Erbteil gegen 8000 ℳ wieder zurückverkauft wird. Der Verkauf muß notariell beurkundet werden. In der notariellen Urkunde ist der Kaufpreis mit

20000 ℳ anzugeben, damit die Miterben das Vorkaufsrecht nicht ausüben können.

Felden, den 25. Januar 1925.

Maria Kuhnlein. Abraham Söhnlein."

Meine Nichte sieht aber jetzt ein, wie töricht es von ihr war, ihren Erbteil zu verkaufen, und sie möchte deshalb den Vertrag vom 3. Februar 1925 für nichtig erklären lassen oder doch das Wiederkaufsrecht ausüben.

Ich bitte nun um Auskunft über folgende Fragen:

a) Kann sie das eine oder das andere?

b) Kann etwa ich allein oder in Gemeinschaft mit meinem Bruder Alois den Vertrag vom 3. Februar 1925 wegen Betrugs anfechten oder das Vorkaufsrecht ausüben, nachdem wir erst in der vorigen Woche erfuhren, wie hoch der von Söhnlein wirklich bezahlte Preis für die Abtretung des Erbteils ist?

Felden, den 15. November 1925.

Christian Adam.

Aufgabe ist die Antwort des Rechtsanwalts zu entwerfen. In der Antwort ist die erteilte Auskunft unter Anführung der gesetzlichen Vorschriften zu begründen.

---

4. Aufgabe.

(Arbeitsfrist 5 Stunden.)

Ernst und Frieda Huber in Felden gingen am 2. Januar 1908 die Ehe ein. Ein Ehevertrag wurde nicht abgeschlossen. Der Mann brachte in die Ehe eine Zimmereinrichtung im Werte von 1000 ℳ und Kleider und Leibwäsche im Werte von 2000 ℳ, die Frau brachte das Haus Nr. 2 an der Bismarckstraße in Felden im Werte von 20000 ℳ, die übrige Wohnungseinrichtung im Werte von 10000 ℳ, Kleider und Wäsche im Werte von 3000 ℳ und 30000 ℳ bar ein. Ernst Huber, ein gelernter Metzger, richtete im Hause seiner Frau einen Metzgerladen ein und gründete eine Metzgerei, die er unter seinem Namen betrieb. Hiezu verwendete er von dem von seiner Frau eingebrachten Gelde 25000 M, mit dem Reste des Bareinbringens seiner Frau tilgte er im Einverständnisse mit seiner Frau seine vorehelichen Schulden in der Höhe von 5000 M.

Frieda Huber half im Geschäfte ihres Mannes mit. Das Geschäft ging sehr flott.

Am 1. Februar 1912 vereinbarten Ernst und Frieda Huber allgemeine Gütergemeinschaft.

Am 15. Juni 1915 wurde die Ehe des Ernst und der Frieda Huber aus dem alleinigen Verschulden des Mannes geschieden. Frieda Huber verlangte Auseinandersetzung des beiderseitigen Vermögens; sie beanspruchte, daß hiebei jedem Ehegatten der Wert des von ihm Eingebrachten zurückerstattet werde.

Das beiderseitige Vermögen der Ehegatten Huber bestand bei Eintritt der Rechtskraft des Scheidungsurteils (1. August 1915) aus

1. 30000 M Bargeld,

2. dem Hause Nr. 2 an der Bismarckstraße; das Haus ist im Grundbuch auf beide Ehegatten in allgemeiner Gütergemeinschaft eingetragen und war am 1. August 1915 40000 M wert;

3. der Metzgerei, die mit Einrichtung und Vorräten 50000 M wert war,

4. einem Landhaus in Miesbach, 15000 M wert. Das Landhaus hat Frieda Huber im Jahre 1911 von ihrer Tante Amalie König geerbt. Da das Landhaus etwas heruntergekommen war, ließ es Ernst Huber durch den Baumeister Geyer in Miesbach neu herrichten. Hiefür schuldete er dem Geyer 10000 M., von denen er in den Jahren 1911 bis 1913 6000 M bezahlte. Am 2. Januar 1915 vereinbarten Ernst und Frieda Huber im notariellen Ehevertrage, daß das Landhaus Vorbehaltsgut der Frieda Huber sein soll. Es ist auch im Grundbuch als deren Eigentum eingetragen.

5. der Wohnungseinrichtung im Werte von 8000 M,

6. den Kleidern und der Wäsche im Werte von 3000 M.

An Schulden waren vorhanden:

a) 5000 ℳ Hypothek auf dem Hause Nr. 2 an der Bismarckstraße; die Hypothek ist im Jahre 1910 von Frieda Huber mit Zustimmung ihres Mannes bestellt worden. Von den 5000 ℳ sind 3000 ℳ zur Ausbesserung des Hauses verwendet worden; wozu der Rest verwendet wurde, läßt sich nicht mehr feststellen.

b) 800 ℳ Schuld der Frieda Huber aus einem ihr 1911 zugestoßenen Radfahrunfall; sie hatte fahrlässiger Weise bei einem Ausflug ein Kind verletzt; durch rechtskräftiges Urteil des Landgerichts Felden vom 22. September 1914 war sie zur Zahlung von 1200 ℳ an das Kind verurteilt worden; Ernst Huber hatte hievon bereits 400 ℳ bezahlt.

c) 4000 ℳ Schuld an Baumeister Geyer für Ausbesserung des Landhauses.

Im Zeitpunkte des Eintritts der allgemeinen Gütergemeinschaft hatte das Haus einen Wert von 30000 ℳ (ohne Abzug der Hypothek von 5000 ℳ), das Landhaus war 15000 ℳ wert und lastenfrei, die Metzgerei samt Einrichtung und Vorräten war 40000 ℳ wert, die Wohnungseinrichtung und Kleider und Wäsche hatten in ihrem Werte gegenüber dem Zeitpunkte der Eingehung der Ehe je 10% infolge der gewöhnlichen Abnutzung verloren. An Bargeld waren 10000 ℳ vorhanden.

Die Ehegatten vereinbarten, daß der Mann die Metzgerei um 50000 ℳ, die von ihm eingebrachte Zimmereinrichtung um 700 ℳ und seine Kleider und Wäsche um 1000 ℳ, die Frau das Haus an der Bismarckstraße um 40000 ℳ, die übrige Wohnungseinrichtung um 7300 ℳ und ihre Kleider und die übrige Wäsche um 2000 ℳ übernehmen.

Wie hat die Teilung zu erfolgen?

Die Antwort ist unter Anführung der gesetzlichen Vorschriften zu begründen.

---

5. Aufgabe.

(Arbeitsfrist 5 Stunden.)

Der Bauer Xaver Maier in Hinterhofen, Landgerichts Hochstadt, verkaufte und übergab am 1. August 1924 an den Gütler Josef Huber in Hinterhofen ein Pferd unter Zusicherung der Stallfrommheit zu dem Preise von 1500 RM., wovon Huber 950 RM. anzahlte. Der Rest sollte in 14 Tagen fällig sein.

Am 2. August 1924 ließ Huber durch seinen volljährigen Sohn dem Maier anzeigen, das verkaufte Pferd sei ein gefährlicher Schläger, es habe dem Huber bei seiner Annäherung im Stalle einen Schlag an das rechte Schienbein versetzt, daß der Knochen verletzt sei und Huber krank darniederliege. Huber verlange Rücknahme des Pferdes und Rückzahlung des angezahlten Kaufpreises, er behalte sich alle Schadensersatzansprüche vor.

Maier lehnte alle Ansprüche ab.

Am 25. August 1924 erhob Rechtsanwalt Rasch für Xaver Maier gegen Josef Huber Klage zum Landgerichte Hochstadt auf Zahlung des Restkaufpreises des Pferdes von 550 RM. Die Prozeßgebühr wurde rechtzeitig bezahlt. Eine Vorbereitung durch den Einzelrichter wurde für nicht erforderlich erklärt.

Im Termin zur mündlichen Verhandlung vom 6. Oktober 1924 verlas Rechtsanwalt Rasch den Antrag der Klage.

Rechtsanwalt Scharf beantragte für den Beklagten Huber deren Abweisung und erhob Widerklage mit dem Antrage:

I. Den Kläger Maier zu verurteilen:

1. das verkaufte Pferd zurückzunehmen,
2. den angezahlten Kaufpreis von 950 RM. zurückzuzahlen,
3. ein Schmerzensgeld von 500 RM.,
4. die Arzt- und Apothekerkosten von 150 RM.,
5. eine Entschädigung für Erwerbsentgang bis 1. Oktober 1924 von 700 RM.

an den Beklagten zu bezahlen;

II. festzustellen, daß der Kläger Maier dem Beklagten Huber allen weiteren aus der ihm widerfahrenen Verletzung vom 1. Oktober 1924 an noch entstehenden Schaden zu ersetzen hat.

Rechtsanwalt Scharf führte aus, Maier sei dem Huber schadensersatzpflichtig aus Vertrag wegen Nichterfüllung der zugesicherten Eigenschaft der Stallfrommheit, aber auch aus unerlaubter Handlung; denn er habe durch Betrug, zum mindesten durch Fahrlässigkeit den Schaden herbeigeführt. Der Schaden aus Erwerbsentgang ergebe sich bei der jetzt bestehenden völligen Erwerbsunfähigkeit des Huber aus den Mindereinnahmen vom Betrieb der Landwirtschaft.

Rechtsanwalt Rasch beantragte Abweisung der Widerklage und machte geltend:

Der Widerklageanspruch werde nach Grund und Höhe bestritten. Dem Maier falle weder Arglist noch Fahrlässigkeit zur Last; er habe selbst das strittige Pferd erst am Tage vor dem Verkaufe mit Garantie für Stallfrommheit gekauft und nur wenige Stunden im Stalle gehabt, ohne von seiner Schlägereigenschaft, die er nicht mehr bestreiten wolle, etwas zu wissen oder wahrzunehmen. Die Tatsache des Unfalls und seine Folgen, das Erwachsen von Heilungskosten und von Mindereinnahmen in der Landwirtschaft gebe er zu.

Die Fortsetzung der Verhandlung wurde auf 3. November 1924 vertagt.

In dieser Sitzung erklärte Rechtsanwalt Rasch, der Kläger Maier sei kurz nach dem Unfalle des Beklagten, anfangs August 1924, in Geisteskrankheit verfallen, er befinde sich seitdem in einem die freie Willensbestimmung ausschließenden Zustande krankhafter Störung der Geistestätigkeit und sei völlig geschäftsunfähig, dessen Sohn Ludwig Maier habe ihm dies bei Überbringung des Auftrags zur Klageerhebung und der schriftlichen Vollmacht des Klägers verschwiegen.

Rechtsanwalt Scharf bestritt diese Tatsachen.

Es erging auf klägerischen Antrag Beweisbeschluß. Die Beweisaufnahme ergab die Richtigkeit der Behauptungen des klägerischen Vertreters hinsichtlich der Geschäftsunfähigkeit des Klägers.

Bei Fortsetzung der Verhandlung am 24. November 1924 erklärte Rechtsanwalt Rasch, daß seine Partei Xaver Maier am 20. November 1924 unter Hinterlassung seines volljährigen Sohnes Ludwig Maier als Alleinerben verstorben sei. Auf Antrag beider Parteivertreter wurde das Ruhen des Verfahrens angeordnet.

Mit Schriftsatz vom 15. Dezember 1924 lud Rechtsanwalt Scharf den Ludwig Maier zu Händen des Rechtsanwalts Rasch zur Aufnahme des Rechtsstreits als Rechtsnachfolger des Xaver Maier zur mündlichen Verhandlung.

Im Verhandlungstermin vom 5. Januar 1925 trat Rechtsanwalt Rasch für Ludwig Maier auf. Die Parteivertreter verlasen die früheren Anträge, die sie auf Ludwig Maier als Kläger und Widerbeklagten entsprechend umstellten, und verhandelten zur Sache.

Es trat wiederholte Vertagung ein.

Im Verhandlungstermin vom 2. Februar 1925 nahm Rechtsanwalt Rasch für Ludwig Maier die Klage zurück, da bei der Prozeßunfähigkeit des ursprünglichen Klägers das Verfahren nichtig sei. Rechtsanwalt Scharf stimmte der Klagezurücknahme zu. Er wiederholte den Antrag und die früheren Ausführungen zur Widerklage mit dem Beifügen, Huber sei infolge des Unfalls immer noch krank und erwerbsunfähig, seine Wiederherstellung sei noch nicht abzusehen.

Rechtsanwalt Rasch beantragte Abweisung der Widerklage und machte unter Wiederholung der früheren Ausführungen geltend: Infolge der Prozeßunfähigkeit des Klägers sei nicht nur dessen Klage, sondern auch die Widerklage wie das ganze Verfahren nichtig und unzulässig, es fänden wegen Nichtigkeit des ganzen Verfahrens auch die Bestimmungen über Unterbrechung und Aufnahme des Verfahrens keine Anwendung, das Verfahren sei in unzulässiger Weise aufgenommen, weil Zustellung des Schriftsatzes von Rechtsanwalt Scharf an die nicht ordnungsmäßig vertretene Klagspartei selbst hätte erfolgen müssen. Für die Ansprüche aus Viehmängeln fehle es an der sachlichen Zuständigkeit des Landgerichts. Die Zulässigkeit der Feststellungsklage werde bestritten. Für den Fall der Zulässigkeit der Widerklage des Huber erhob Rechtsanwalt Rasch seinerseits für Ludwig Maier Widerklage gegen Huber mit dem Antrag, den Beklagten Huber zur Zahlung von 2000 RM. an Kläger Ludwig Maier zu verurteilen. Vorsorglich machte er eine Forderung in dieser Höhe aufrechnungsweise gegen die Widerklageforderungen des Huber geltend. Hiezu führte er aus: Am 15. Januar 1925 sei ein Pferd des Ludwig Maier im Werte von 2000 RM. nach kurzer Krankheit verendet, er vermute, daß Huber ihm den Schaden aus Rache vorsätzlich zugefügt habe, indem er dem Pferde durch eine dritte Person Gift habe beibringen oder sonstwie seine Gesundheit habe schädigen lassen. Über diese Tatsachen schiebe er dem Huber den Eid zu. Huber sei für den Schaden ersatzpflichtig.

Rechtsanwalt Scharf beantragte Abweisung der Widerklage des Maier, bestritt die Zulässigkeit der Widerklage und der Aufrechnung sowie die hiezu geltend gemachten Tatsachen, bekämpfte auch die Zulässigkeit der Eideszuschiebung, nahm aber vorsorglich den Eid für Huber an.

Sämtliche mündliche Verhandlungen fanden vor gleich besetztem Gerichte statt.

Das Landgericht Hochstadt erließ am 9. Februar 1925 folgende

Entscheidungen:

I. Teil- und Zwischenurteil.

1. Kläger Ludwig Maier hat das von seinem Vater an Beklagten Huber verkaufte Pferd zurückzunehmen.
2. Ludwig Maier hat 950 RM. — Kaufpreisanzahlung — an Huber zurückzuzahlen.
3. Der Anspruch des Huber auf Zahlung von Schmerzensgeld wird abgewiesen.
4. Die Ansprüche des Huber
   a) auf Zahlung von Arzt- und Apothekerkosten,
   b) auf Entschädigung für Erwerbsentgang aus dem Betrieb der Landwirtschaft,
   c) auf Feststellung der Verpflichtung des Ludwig Maier zum Ersatz alles weiteren, dem Huber aus seiner

Verletzung vom 1. Oktober 1924 an entstandenen und noch entstehenden Schadens,

sind dem Grunde nach gerechtfertigt.

5. Die Widerklage des Ludwig Maier wird abgewiesen,
6. Die Entscheidung über die Kosten bleibt der Endentscheidung vorbehalten.

II. Beweisbeschluß.

1. Beklagter Huber hat folgenden ihm zugeschobenen Eid zu leisten:
   „Es ist nicht wahr, daß ich dem Pferde des Ludwig Maier, das am 15. Januar 1925 verendet ist, durch einen Dritten habe Gift beibringen oder seine Gesundheit sonstwie habe schädigen lassen.“
2. Zur Eidesleistung wird Termin bestimmt ꝛc.

Sind diese Entscheidungen gerechtfertigt?

Welche Rechtsmittel sind gegen die einzelnen Teile der Entscheidungen zulässig?

Die sämtlichen Erklärungen der Parteivertreter sind zu würdigen, auch wenn es nach der gefundenen Lösung auf sie nicht mehr ankommen sollte.

Das beiderseitige Parteivorbringen gilt, soweit es nicht ausdrücklich bestritten ist, als zugestanden. Die Antworten sind unter Anführung der gesetzlichen Vorschriften zu begründen.

---

6. Aufgabe.

(Arbeitsfrist 5 Stunden.)

Mit notariellem Vertrage vom 6. Januar 1924 wandelte der Fabrikant Gg. Lang in Buch seine bisher als Einzelkaufmann betriebene „Fabrik medizinischer Instrumente Georg Lang“ mit Wirkung vom 1. Februar 1924 in eine offene Handelsgesellschaft um; als sein Gesellschafter trat der Kaufmann Fritz Neu ein. Die bisherige Firma erhielt den Zusatz „u. Comp.“. Die Geschäftseinlage des Neu betrug 20,000 GM.

bar, jene des Lang bestand in der Fabrik, welche samt Gebäuden, Grundbesitz, Einrichtung und allem Geschäftszubehör auf 120,000 GM. gewertet wurde. Nach dem zahlenmäßigen Verhältnis dieser Einlagen sollten sich auch die Gewinnanteile der Gesellschafter richten. Geschäftsführungs-, Vertretungs- und Zeichnungsbefugnis wurde jedem Gesellschafter eingeräumt, eine Zeitdauer für den Bestand der Gesellschaft nicht bestimmt.

Auf gemeinschaftliche Anmeldung erfolgte Eintrag des buchungspflichtigen Vertragsinhalts im Handelregister; die beabsichtigte Umschreibung des von Lang an die Gesellschaft aufgelassenen Grundbesitzes unterblieb vorerst wegen der hohen Staatsabgaben und Kosten.

Im Gesellschaftsvertrage verpflichtete sich Fritz Neu „den § 112 HGB. genau zu befolgen und auch im Falle des Austritts aus der Gesellschaft kein Konkurrenzunternehmen zu beginnen". Auf sein Verlangen wurde noch im Februar 1924 sein Bruder Dr. med. Moritz Neu als „wissenschaftlicher und kaufmännischer Mitarbeiter" eingestellt. In dem mit ihm abgeschlossenen Dienstvertrage wurde ihm als Arbeitsfeld „wissenschaftliche Tätigkeit für Propaganda bei Ärzten und Anstalten und zur Erzielung von Neuerungen, ferner Mitarbeit in der kaufmännischen Leitung" zugewiesen; sein Gehaltsbezug wurde nach den Tarifsätzen für Akademiker in der chemischen Industrie festgesetzt. Schließlich ist im Dienstvertrage noch bestimmt: „Dr. M. Neu wird das Geschäftsgeheimnis strengstens wahren und sich im Falle seines Ausscheidens 10 Jahre lang an einem Konkurrenzunternehmen nicht beteiligen oder mithelfen; andernfalls wäre für jede Zuwiderhandlung eine Vertragsstrafe von 10000 Schweizer Franken verfallen". Die Verwendung des Dr. Moritz Neu war dem Vertrag entsprechend.

Zwischen Gg. Lang und den Brüdern Neu kam es bald zu schweren Mißhelligkeiten aller Art, die ein Zusammenarbeiten schließlich unmöglich machten. Am 1. Dezember 1924 kam deshalb — nach längeren Unterhandlungen — folgendes Abkommen zustande, das von Fritz Neu abgefaßt und von allen Beteiligten unterschrieben wurde:

„Vertrag.

1. Herr Dr. Moritz Neu legt seine Stelle sofort nieder.
2. Herr Fritz Neu tritt vom 1. Dezember 1924 an seine sämtlichen Rechte und Pflichten aus dem Gesellschaftsvertrage an den Gründer Georg Lang ab, bis die Auseinandersetzung abgeschlossen ist. Georg Lang übernimmt deshalb fortan im Verhältnis der Gesellschafter zu einander die Haftung für alle Verpflichtungen der nach außen noch bestehenden Gesellschaft.

Als bindende Grundlagen für die Auseinandersetzung werden anerkannt:

1. Gg. Lang übernimmt die Firma mit Aktiven und Passiven ohne weitere Auseinandersetzung.
2. Fritz Neu erhält 21,000 R.M. und ein halbes Jahr lang den tarifmäßigen Spitzengehalt eines kaufmännischen Leiters, zahlbar an jedem Monatsende.
3. Einen Reingewinn hat die Firma seit Bestehen nicht erzielt. Nebensächliche Dinge, wie insbesondere ein Warenbezugsrecht des Fritz Neu, werden noch geregelt."

Mit der Unterzeichnung dieses Schriftstückes stellten die Brüder Neu ihre Tätigkeit für die Gesellschaftsfirma ein; Fritz Neu erhielt im folgenden Halbjahr, allerdings zum Teil verspätet, den nach den Tarifsätzen vom 1. Dezember 1924 berechneten Gehalt eines kaufmännischen Betriebsleiters und überdies in Teilbeträgen die Summe von 16,000 R.M.; weitere 5000 R.M. erlegte Lang für ihn bei der Staatsbank, weil Fritz Neu sich weigerte, diese Restsumme beim Anwalt des Lang in Buch abzuholen, Hauptquittung über völlige Befriedigung zu erteilen und die Richtigstellung des Handelsregisters herbeizuführen, vielmehr sich auf den Standpunkt stellte, er habe noch mehr zu beanspruchen und sei bislang noch vollberechtigter Teilhaber der Firma. — Georg Lang hatte das Geschäft unter seiner alten Einzelfirma weitergeführt und nach einigen Monaten unter Kapitalsbeteiligung zweier Verwandten in eine G. m. b. H. umgewandelt, deren Eintragung natürlich an dem Verhalten des Fritz Neu scheiterte.

Anfangs Mai 1925 erfolgte im Handelsregister der Eintrag einer neugegründeten Firma „Marie Neu, Fabrik chirurgischer Werkzeuge“ mit dem Sitze in Spardorf und Marie Neu, der Gattin des Fritz Neu, als Alleininhaberin. Als Prokurist und technischer Leiter wurde Dr. Moritz Neu bestellt, der Ehemann Fritz Neu übernahm die Besorgung der Buch- und Kassaführung ohne Prokura.

Unter Anführung dieses Sachverhalts und der ihm erst nach dem 1. Dezember 1924 bekanntgewordenen Tatsache, daß Fritz Neu vor jenem Zeitpunkt sich Waren aus den Beständen der Gesellschaftsfirma heimlich angeeignet und über Lang vor den Arbeitern beschimpfende Kritik erlaubt hatte, erhob nun Lang eigenen Namens Klage gegen Fritz und Dr. Moritz Neu mit dem Antrage zu erkennen:

I. Es wird festgestellt,
   a) daß der Beklagte Fritz Neu mit dem Vertrage vom 1. Dezember 1924 aus der Firma „Fabrik medizinischer Instrumente, Gg. Lang u. Comp.“ ausgeschieden und die Firma erloschen ist.
   b) daß Fritz Neu in jenem Abkommen auf alle Ansprüche an dem Vermögen der Firma verzichtet hat und hinsichtlich aller in dem Abkommen enthaltenen Auseinandersetzungsansprüche befriedigt ist.

II. Beklagter Fritz Neu hat gemeinsam mit dem Kläger die Auflösung genannter Firma und seinen Austritt aus derselben beim Registergericht anzumelden.

III. Den beiden Beklagten wird bei Meidung einer Geldstrafe oder Haftstrafe von sechs Monaten der Betrieb und die Mitarbeit in der Firma „Maria Neu, Fabrik chirurgischer Werkzeuge“ verboten.

Hiezu führte der Kläger in der mündlichen Verhandlung noch aus: Das Abkommen vom 1. Dezember 1924 enthalte eine für beide Teile bindende, endgültige Auseinandersetzung; Fritz Neu, der ausgeschiedene Gesellschafter, habe auch alles erhalten, was er als seinen Anteil aus dem Gesellschaftsvermögen zu bekommen hatte. Der nebensächliche Vorbehalt eines Warenbezugsrechts habe als persönliche Vergünstigung mit der Auseinandersetzung nichts zu tun und mit den Worten „bis die Auseinandersetzung abgeschlossen ist“ habe man lediglich zum Ausdruck bringen wollen, daß zu Beweiszwecken auch die notarielle Beurkundung erfolgen solle; nachdem bekannt geworden, daß diese notarielle Beurkundung überflüssiig sei, habe kein Teil auf eine solche ein Gewicht gelegt und darnach sei der Vertrag auch in der geschilderten Weise durchgeführt worden. Trotz vollständiger Befriedigung verweigere Fritz Neu die Löschung der Gesellschaft, ja sogar die Anerkennung seines Ausscheidens und betreibe jetzt unter Vorschiebung seiner geschäftsunkundigen Frau mit seinem gleichfalls vertragsbrüchig gewordenen Bruder ein ausgesprochenes Konkurrenzgeschäft, wodurch er (Kläger) aufs schwerste geschädigt werde. Das ganze Verhalten der Beklagten sei nur darauf berechnet, ihn zu ruinieren. — Vorsorglich, d. h. für den Fall, daß hinsichtlich des Abkommens vom 1. Dezember 1924 irgendwelche Zweifel bestünden, mache er von seinem gesetzlichen Rechte Gebrauch und beantrage unter Hinweis auf die mehrfachen schweren Verfehlungen seines Gegners den Ausspruch der gerichtlichen Ermächtigung zur Übernahme des Geschäftes ohne weitere Auseinandersetzung.

Für die Beklagten wurde Klageabweisung verlangt und — unter Zugeständnis der sonstigen Klagetatsachen — eingewendet:

1. Dem Kläger fehle die Aktivlegitimation; er könne nicht für seine Person, sondern nur für die noch bestehende Gesellschaftsfirma, welche ein eigenes Rechtssubjekt darstelle, Klage stellen. Die Vorabentscheidung dieses Streitpunktes sei jedoch nnnötig.

2. Die Gesellschaft bestehe noch. Dem Ausscheiden eines Gesellschafters und der Auflösung der Firma müsse naturgemäß eine völlige Auseinandersetzung vorausgehen, eine solche liege aber nach dem eigenen Vorbringen des Klägers nicht vor, denn der Vertrag vom 1. Dezember 1924 enthalte doch weiter nichts als eine vorläufige Regelung der Geschäftsführung und eine Festsetzung der Auseinandersetzungsgrundlagen und von einer Befriedigung des Fritz Neu könne keine Rede sein; abgesehen von dem heute noch nicht geregelten Warenbezugsrecht habe Kläger die 5000 ℳ grundlos bei der Bank hinterlegt und den Halbjahresgehalt weder rechtzeitig noch vollständig, d. h. ohne Berücksichtigung der nach dem

1. Dezember 1924 eingetretenen mehrfachen Tariferhöhungen bezahlt. Wegen der 5000 RM. Rest und der noch geschuldeten Gehaltsteile schwebe gegen Georg Lang eine von Fritz Neu im März 1925, also vor dem jetzigen Rechtsstreit, erhobene Klage.

Nicht zufolge Vereinbarung, sondern kraft Gesetzes bedürfe der endgültige Auseinandersetzungsvertrag der notariellen Verbriefung, weil Grundbesitz zum Gesellschaftsvermögen gehöre. Auf dem Fabrikanwesen der Gesellschaft laste übrigens seit 10 Jahren eine Hypothek für ein dem Gg. Lang persönlich gegebenes Darlehen des Fritz Neu zu 10,000 ℳ, das seit 1. Dezember 1924 gekündigt und nun fällig sei. Solange Heimzahlung nicht erfolge, verweigere Fritz Neu die Mitwirkung zur Notariatsurkunde und zur Firmenlöschung.

Anlangend den Hilfsantrag des Klägers, so stehe dieser im unlösbaren Widerspruch mit dem wesentlichen Inhalt der Klagsbegründung. Kläger behaupte ja selbst die Auflösung der Gesellschaft und in solchem Falle könne nach herrschender Anschauung, von einer gerichtlichen Ermächtigung, wie verlangt, keine Rede sein.

3. Dem Beklagten Fritz Neu die Mitarbeit als Gehilfe im jetzigen Geschäftsbetriebe seiner Frau zu verbieten, gehe schon nach der einschlägigen Vertragsbestimmung nicht an. Diese Vertragsklausel verbiete ja dem Fritz Neu nur den Betrieb eines Konkurrenzunternehmens im eigenen Namen. Die von dem Mitbeklagten Dr. Moritz Neu eingegangene Beschränkung verstoße aber nach Inhalt, Umfang und Strafbestimmung gegen die Bestimmungen in § 74 HGB. und gegen die guten Sitten.

Da Fritz und Moritz Neu seit 1924 ihre ganze Tätigkeit und wirtschaftliche Existenz auf die Herstellung und den Vertrieb von medizinischen Spezialartikeln einstellten und seit kurzem sogar ein Patent auf ein verbessertes zahnärztliches Instrument anmeldeten, müsse auch das jetzige Verlangen des Klägers unter Ziffer III als rechtswidrig bezeichnet werden. Für die Klage gegen Dr. Moritz Neu bestehe übrigens beim angegangenen ordentlichen Gericht keine Zuständigkeit; zuständig sei vielmehr das Kaufmannsgericht in Buch, da die für Kaufmannsgerichte bestehende Zuständigkeitsgrenze bei dem verklagten Dr. Neu nicht überschritten sei.

Hierauf erklärte schließlich die Klagepartei: Zwischen ihr und Fritz Neu sei tatsächlich ein Rechtsstreit, wie ihn letzterer behaupte, im Gange. Fritz Neu wisse also recht wohl, daß er nur eine persönliche Forderung an den Kläger erworben habe. Richtig, aber unbeachtlich, sei auch das Verteidigungsvorbringen über die Hypothekforderung zu 10000 ℳ, über den letzten Gehaltsbezug des Dr. Moritz Neu und die Zuständigkeitsgrenze für Kaufmannsgerichte. Eine Zuständigkeit des Kaufmannsgerichtes komme aber hier überhaupt nicht in Frage, weil Dr. Moritz Neu nicht nach den Vorschriften des HGB. zu beurteilen sei.

Wie ist zu entscheiden?

In der Begründung ist das gesamte Vorbringen der Parteien, auch der klägerische Hilfsantrag und die Unzuständigkeitseinrede, zu würdigen. Die in Betracht kommenden Gesetzesbestimmungen sind anzugeben.

Eine Entscheidung über die Kosten entfällt.

---

7. Aufgabe.

(Arbeitsfrist 5 Stunden.)

I.

Der erst im Oktober 1923 wegen Diebstahls mit einer Zuchthausstrafe von 1 Jahr und 6 Monaten bestrafte Ausläufer Amann hatte sich nach Verbüßung dieser Strafe nach Bestadt begeben. Am 1. Mai 1925 trieb er sich dort auf dem Bahnhofplatz herum. Seine Mittel waren ihm ausgegangen, weshalb er sich entschloß, mit dem nächsten Schnellzug nach Ceburg zu fahren, um dort nach einer Geldquelle zu suchen. Um nicht völlig mittellos dort anzukommen, nahm er von einem vor dem Bahnhof haltenden Mietauto, dessen Lenker sich gerade im Bahnhof bei der Gepäckabfertigung befand, den Ersatzgummireifen weg, indem er den Riemen, womit er an der Seite des Autos befestigt war, mit seinem Taschenmesser durchschnitt. Mit dem Ersatzgummireifen, den er in Ceburg gut zu verkaufen hoffte, eilte er — unter Umgehung der Bahnhofsperre — unbemerkt auf den zweiten Bahnsteig und stieg dort in den gerade eingefahrenen Schnellzug Berlin—Ceburg; den Gummireifen legte er im Innern des bestiegenen Wagens neben die Eingangstüre.

Er ging durch die Gänge der einzelnen Wagen. In einem Abteil II. Klasse sah er einen Hund, der mittels einer Leine an einem am Boden stehenden Handkoffer zu dessen Bewachung angebunden war; der Eigentümer des Koffers hatte sich in den Speisewagen begeben. Amann durchschnitt die Leine, worauf der Hund, seinen Herrn suchend, davonrannte. Vor der Wegnahme des Handkoffers, auf den Amann es abgesehen hatte, sah er sich nochmals um; da er gerade den Schaffner bemerkte, gab er seinen Plan auf.

Als er nach einiger Zeit wieder an dem Abteil vorbeiging, merkte er, daß der Reisende immer noch nicht zurückgekehrt war; er sah, daß in dem Abteil ein Sommer-Überzieher hing und in dem Gepäcknetz ein Stock mit einem silbernen, kunstvoll gearbeiteten Griffe lag. Überzieher und Stock nahm er an sich, um den Überzieher für sich zu behalten und den Stock in Ceburg zu verkaufen. Im Abort probierte er den Überzieher an; da er ihm zu lang und zu weit war, brachte er ihn sofort wieder in das unmittelbar daneben befindliche Abteil 2. Klasse zurück. Den Stockgriff brach er ab und warf ihn mit dem Gummireifen, woran er ihn befestigt hatte, aus dem gerade durch einen Wald fahrenden Zug in das Gebüsch, um die Sachen sofort nach der Ankunft in Ceburg zu holen. Beim Hinauswerfen wurde er von dem staatlichen Förster Demayer, der sich als Fahrgast ebenfalls im Zuge befand, überrascht.

II.

Demayer war in Bestadt ebenfalls in den Zug eingestiegen. Am Bahnsteig hatte ihn der Kaufmann Emüller gebeten, sein 8 Jahre altes Töchterchen Anna, das allein zu seiner Großmutter nach Ceburg reisen sollte, während der

Fahrt zu behüten; er hatte zu Demayer, da er wußte, daß dieser Beamter war, besonderes Vertrauen. Demayer versprach ihm, das Kind zu betreuen. Er setzte sich mit ihm in ein leeres Abteil 3. Klasse und unterhielt sich einige Zeit mit ihm. Hiebei regte sich seine Sinnlichkeit; er setzte das Kind auf seinen Schoß und griff unter dessen Röckchen, um den nackten Körper, insbesondere den Geschlechtsteil, des Kindes zu betasten. Da das Kind eine völlig geschlossene Hose trug, konnte er es nur zwischen den bekleideten Beinen betasten; wie er nach der Stelle griff, wo die mit einem Knopfe verschlossene Hose zu öffnen war, sah er einen Reisenden, den Amann, außen im Gange vorübergehen. Er sprang sofort auf, sah dem Amann nach und merkte, wie dieser den Gummireifen mit dem Stockgriff zum Fenster herauswarf. Er stellte ihn zur Rede, da er sofort zu der Erkenntnis kam, es mit einem Eisenbahndieb zu tun zu haben. Amann entgegnete ihm, er solle ganz ruhig sein; was er soeben mit dem Kinde gemacht habe, sei schlimmer als ein Diebstahl. Demayer sagte sofort dem Amann zu, er werde sich um dessen Sache nicht weiter kümmern, Amann solle aber auch ihn nicht verraten; er gab ihm 50 ℳ mit der Bitte, ihn nicht ins Unglück zu bringen. Amann versprach dies, verlangte aber unter der Eröffnung, daß er den Zug ohne Fahrkarte benütze, von Demayer, dieser möge ihm bescheinigen, daß seine Fahrkarte während der Fahrt zu Verlust gegangen sei. Demayer schrieb mit Bleistift auf eine seiner Brieftasche entnommene Besuchskarte mit dem Aufdruck „Johann Wagner, Forstamtmann, Glückstadt“ folgende „Bescheinigung“:

„Herr Amann befand sich im Besitze einer heute gelösten Fahrkarte 3. Klasse, gültig für alle Züge, von Bestadt nach Ceburg; ich war Zeuge, daß ihm diese Karte aus Versehen zum Fenster des Eisenbahnwagens hinausfiel. Johann Wagner, Forstamtmann“; er übergab die Karte dem Amann und riet ihm, die Bescheinigung an der Bahnsteigsperre in Ceburg vorzuzeigen. Amann beabsichtigte, dies zu tun. In Ceburg angekommen, konnte er in seinen Taschen die Bescheinigung nicht finden. Aus diesem Grunde erklärte er an der Bahnsteigsperre dem Beamten, er habe seine Fahrkarte 3. Klasse, die er heute in Bestadt für die Reise nach Ceburg gelöst habe, während der Fahrt verloren; der Beamte glaubte dies, verlangte aber, daß Amann eine Schnellzugskarte 3. Klasse Bestadt—Ceburg nachlöse, welchem Verlangen Amann ohne weiteres nachkam.

III.

Es gelang dem Amann, den Gummireifen und den Stockgriff aus dem Walde zu holen. Mit beiden Gegenständen begab er sich am 2. Mai zu dem erst vor wenigen Wochen wegen Hehlerei bestraften Trödler Schmutzig; die Bestrafung hatte Schmutzig nicht abgehalten, mit Dieben, von denen er bis dahin ihre Diebsbeute gekauft hatte, in Verbindung zu bleiben; er hatte sie wissen lassen, er kaufe ihnen nach wie vor gestohlene Sachen gerne ab. Amann, der das zufällig von einem Bekannten gehört hatte, bot ihm Reifen und Stockgriff zum Kaufe an. Schmutzig, der den hohen Wert des Stockgriffes — mindestens 600 ℳ — sofort erkannte, lächelte verständnisvoll und erklärte sich bereit, den Reifen um 5 ℳ und den Stockgriff um 20 ℳ zu kaufen. Amann ärgerte sich über das lächerlich geringe Angebot und nahm sich vor, den Schmutzig hereinzulegen. Er verkaufte ihm zwar die Sachen um die angebotenen Preise, übergab ihm auch sofort den Reifen gegen 5 ℳ, nahm aber den Stockgriff an sich mit dem Versprechen, diesen am nächsten Tage zu bringen, da er ihn erst noch einem Freunde, der großes Interesse für solche Kunstsachen habe, zeigen wolle. Schmutzig war hiemit einverstanden; er sagte, er vertraue darauf, daß Amann sein Versprechen erfüllen werde.

Am Abend suchte Amann seinen alten Schulfreund, den Goldschmiedgesellen Jung auf; er erzählte ihm, wie er in den Besitz des Stockgriffes gekommen war und wie gewinnsüchtig Schmutzig sich benommen hatte. Jung war aufs höchste erstaunt, als er den Stockgriff sah; er hatte ihn erst vor wenigen Wochen bei einer Reparatur in der Hand gehabt; weil es ein selten schönes Stück war, hatte er sich damals mit Zustimmung des ihm bekannten Eigentümers eine Nachbildung aus minderwertigem Metall gemacht; nur bei genauer

Prüfung war die Minderwertigkeit des Materials zu erkennen; die Nachbildung hatte einen Wert von höchstens 10 *M*. Jung gab diese Nachbildung dem Amann, damit er sie an Stelle des echten Stockgriffes dem Schmutzig gebe; es war ihm lediglich darum zu tun, den echten Stockgriff nicht in den Besitz des Schmutzig gelangen zu lassen, sondern dem Eigentümer zurückzugeben. Er bat den Amann, von Schmutzig kein Geld mehr anzunehmen, was Amann ihm auch versprach. Jung gab, ohne den Amann zu fragen, den Stockgriff dem Eigentümer zurück, der trotz Kenntnis des Diebstahls und des Diebes einen Strafantrag nicht stellte, weil Jung ihn darum bat. Die Nachbildung hoffte Jung, wie er dem Amann sagte, mit Hilfe der Polizei wieder zu bekommen.

Am nächsten Tage brachte Amann die Nachbildung, deren Wert ihm Jung mitgeteilt hatte, zu Schmutzig. Er wählte eine Zeit aus, wo viele Leute im Laden waren, damit Schmutzig davon absehe, den Griff genauer zu untersuchen; Amann sagte ihm noch, sein Freund habe den Griff für außerordentlich wertvoll erklärt, es tue ihm leid, daß er ihn so billig verkauft habe. Schmutzig betrachtete den Griff nur oberflächlich und gab dem Amann den vereinbarten Kaufpreis, um möglichst rasch im Besitze des wertvollen Gegenstandes zu sein.

IV.

Noch am gleichen Tage verkaufte Schmutzig, dessen Geschäftsgrundsatz es war, verdächtige Sachen nicht lange bei sich liegen zu lassen, den Stockgriff um 300 *M* an den Händler Gleich, der ihn sofort an sich nahm. Er hielt ihn für ein sehr wertvolles Kunstwerk aus Silber nnd machte dem Schmutzig gar kein Hehl aus seiner Ueberzeugung, daß Schmutzig ihn von einem Diebe gekauft habe.

Das Verhalten des Amann, Demayer, Jung, Schmutzig und Gleich ist strafrechtlich nach allen Gesichtspunkten zu beurteilen. Die Würdigung ist zu begründen.

---

8. Aufgabe.

(Arbeitsfrist 5 Stunden.)

I.

Am 1. April 1924 Abends gegen 6 Uhr erschien der für den Jagdbezirk des Oberbürgermeisters der Stadt Rheinfelden bestellte Jagdhüter Holzmann auf dem Bürgermeisteramte von Rheinfelden und ersuchte, ihm zwei Polizeibeamte beizuordnen, um Wilderer aus dem Orte Walchenfeld, deren Ankunft auf der zum Jagdbezirk gehörigen Insel Grünwörth ihm angezeigt worden war, auf frischer Tat zu ergreifen. Der 2. Bürgermeister, der in Vertretung des erkrankten Oberbürgermeisters die Polizeiangelegenheiten erledigte, verfügte die sofortige Abstellung von zwei Polizeibeamten und ordnete an, daß sie sich mit Schußwaffen zu versehen hätten. Holzmann und der zweite Jagdhüter Schneider sowie die Polizeiwachtmeister Heintz und Keller, alle mit Gewehren versehen, setzten hierauf bei Eintritt der Dämmerung auf die Insel über und stellten fest, daß am Inselufer ein Kahn befestigt war, auf dem die Wilderer vermutlich übergefahren waren. Sie wollten die Rückkehr der Wilderer abwarten und versteckten sich daher hinter Bäumen eines Waldes. Im Verlauf der nächsten Stunde hörten sie auf der Insel Schüsse fallen und nach einer weiteren halben Stunde kamen am Inselufer entlang drei Personen. Holzmann und die beiden Polizeibeamten riefen ihnen „Halt" zu und gingen gleichzeitig auf sie los. In diesem Augenblick fielen zwei Schüsse und Holzmann, der getroffen wurde, brach zusammen. Die Wilderer wurden dann überwältigt; jedem von ihnen wurde ein Gewehr abgenommen. Die Persönlichkeiten waren der 50 Jahre alte Bauer Hammer, der 40 Jahre alte Tagner Semar und der am 10. April 1906 geborene Philipp Stern, alle von Walchenfeld. Stern trug in einem Rucksack zwei Fasanen. Der verletzte Jagdhüter wurde in das städtische Krankenhaus verbracht.

II.

Auf dem Rückwege nach Rheinfelden wurden die Festgenommenen von den Polizeibeamten vernommen. Hammer gab dem ihn vernehmenden Polizeiwachtmeister Heintz an, er habe mit Semar zusammen die Jagd auf Fasanen ausgeübt und zwar mit dem Gewehr. Beim Zusammenstoß mit den Jagdhütern und Polizeibeamten, von denen er in der Dunkelheit niemand erkannt habe, habe er einen Schuß über ihre Köpfe hinweg abgegeben, jedoch nur, weil er gesehen habe, wie einer auf ihn angelegt habe. Semar gab dem Wachtmeister Keller gegenüber ebenfalls zu, die Jagd mit dem Gewehr ausgeübt zu haben, bestritt jedoch, auf die Beamten geschossen zu haben. Auch Stern wurde von Keller vernommen; er gab an, er sei von seinem Nachbarn Hammer, ohne zu wissen, um was es sich handle, mitgenommen worden und habe ein Gewehr und den Rucksack tragen müssen; geschossen habe er überhaupt nicht. Nachdem Heintz und Keller über diese ihnen gemachten Angaben Protokolle errichtet hatten, wurden die Festgenommenen am 2. April 1924 dem Amtsrichter vorgeführt, der sie verhörte und Haftbefehl erließ. Bei dieser Vernehmung gab Semar noch an, er habe gesehen, wie der neben ihm stehende Hammer auf die Beamten angelegt und geschossen habe. In der gegen die drei Angeschuldigten durchgeführten Voruntersuchung widerriefen Hammer und Semar, denen es gelungen war, mittels Kassiber miteinander in Verkehr zu treten, ihre bisherigen Angaben; sie gestanden nur zu, gejagt zu haben.

Der als Zeuge vernommene Jagdhüter Schneider sagte aus, er habe sein Gewehr bei Ankunft der Wilderer sofort schußbereit gehalten; als er dann gesehen habe, wie einer der drei sein Gewehr erhoben habe, habe er auf diesen anlegen wollen, der Schuß sei ihm aber in der Aufregung zu früh losgegangen; Holzmann sei etwa 20 Schritte vor ihm gestanden und gerade hinter dem Baume hervorgetreten; wer von den Angeschuldigten geschossen habe, könne er nicht sagen. Auch Holzmann, dessen Verletzung sich als lebensgefährlich erwies, konnte nicht sagen, wer auf ihn geschossen habe. Nach Durchführung der Voruntersuchung reichte der für die Jugendsachen zuständige Staatsanwalt Kraft gegen den Angeschuldigten Stern, der im übrigen zuständige Staatsanwalt gegen die Angeschuldigten Hammer und Semar Anklageschrift bei der Strafkammer des Landgerichts Rheinfelden ein mit dem Antrage, das Hauptverfahren vor dem Jugendgerichte bezw. dem Schöffengerichte wegen unberechtigter Jagdausübung nach §§ 292, 293 des Strafgesetzbuches und wegen Forstwiderstands nach § 117, 118, 119 des St.G.B. zu eröffnen. Die Strafkammer beschloß am 3. Mai 1924 die Eröffnung des Hauptverfahrens wegen der Jagdausübung, setzte aber die drei Angeschuldigten wegen des Forstwiderstandes mangels Beweises außer Verfolgung. Der Beschluß wurde von der Staatsanwaltschaft mit Beschwerde nicht angefochten. Hammer und Semar wurden vom Amtsgerichte am 18. Mai 1924 wegen unbefugter Jagdausübung zu Gefängnisstrafen verurteilt, Stern wurde vom Jugendgericht freigesprochen. Gegen die Urteile wurde ein Rechtsmittel nicht eingelegt.

III.

Am 31. Mai 1924 starb der verletzte Holzmann. Die gerichtliche Leichenöffnung ergab, daß Schrotkörner in den Unterleib eingedrungen waren und daß die Schußverletzung den Tod herbeigeführt hatte. Einige Schrote wurden im Körper vorgefunden. Die Staatsanwaltschaft beauftragte den Kriminalbeamten Stretter aus München mit weiteren Ermittelungen. Dieser konnte feststellen, daß die im Körper vorgefundenen Schrotkörner mit dem Schrot aus den bei Hammer beschlagnahmten Patronen gleichartig waren. Stretter berichtete auch, der freigesprochene Stern habe ihm bei einer Vernehmung noch angegeben: Als Semar dem Hammer gegenüber beim Aufbruche zur Jagd die Befürchtung ausgesprochen habe, sie könnten erwischt werden, habe Hammer erwidert: „Der erste, der kommt, kriegt eine drauf." Die Staatsanwaltschaft nahm nun die Klage gegen Hammer und Semar wieder auf und beantragte bei der Strafkammer des Landgerichts Rheinfelden die Eröffnung des Hauptverfahrens wegen gemeinschaftlich verübten Totschlags nach § 214 St.G.B. vor dem Schwurgericht des Landgerichts Rheinfelden. Die Strafkammer beschloß demgemäß.

IV.

Am 13. August 1924 fand die Hauptverhandlung gegen die Angeklagten Hammer und Semar statt. Als richterlicher

Beisitzer wirkte mit der unterdessen zum Landgerichtsrat beförderte frühere Jugendstaatsanwalt Kraft. Verteidiger des Angeklagten Hammer war der Rechtsanwalt Schmitt, Verteidiger des Angeklagten Semar der Rechtsanwalt Körber. Die erschienenen Angeklagten wurden über ihre persönlichen Verhältnisse gehört. Hierauf wurde der Eröffnungsbeschluß verlesen.

Bei der Vernehmung der Angeklagten bestritt Hammer, überhaupt einen Schuß auf die ihm gegenüber getretenen Personen abgegeben zu haben; er habe zwar sein Gewehr erhoben, es sei aber nicht mehr geladen gewesen; die Angaben, die Stern gegenüber dem Kriminalbeamten Stretter gemacht habe, seien unwahr; Stern sei ein ganz verlogener Bursche. Auch Semar bezeichnete die Angaben des Stern als unwahr. Im übrigen machte er dieselben Angaben wie in der Voruntersuchung. Der Vorsitzende hielt ihm seine Angaben vor dem Amtsrichter vor; Semar bestritt aber, jene Angaben über den Schuß des Hammer gemacht zu haben. In der Beweisaufnahme bekundete zunächst der als Zeuge vernommene Amtsrichter, er habe den vorgeführten Beschuldigten die wesentlichen Punkte ihres polizeilichen Verhörs vorgehalten, sie hätten gegen die polizeilichen Niederschriften keinen Widerspruch erhoben; er habe daher in seinem Verhörsprotokoll vermerkt, daß die Beschuldigten ihre aus den polizeilichen Niederschriften ersichtlichen Angaben wiederholt hätten und hierauf Bezug nähmen.

Da der Wachtmeister Heintz vor der Hauptverhandlung gestorben war, stellte der Staatsanwalt den Antrag, zum Zwecke der Beweisaufnahme über das Geständnis des Angeklagten Hammer das Protokoll des Amtsrichters über das Verhör dieses Beschuldigten und die Angaben des Hammer gegenüber dem Wachtmeister Heintz aus dessen Niederschrift zu verlesen. Der Verteidiger des Hammer bezeichnete die beantragte Verlesung als unzulässig. Der Vorsitzende verlas hierauf das amtsgerichtliche Protokoll, soweit es die Bezugnahme auf die polizeiliche Niederschrift enthielt, und aus dieser Niederschrift die Angaben des Hammer gegenüber dem Wachtmeister Heintz.

Das Gericht beschloß darauf die Verlesung der Aussage des Kriminalbeamten Stretter, der auf Anordnung der Strafkammer des Landgerichts Rheinfelden am 6. August 1924 in München wegen großer Entfernung seines Aufenthaltsortes durch den ersuchten Richter eidlich als Zeuge vernommen worden war.

Dann wurde zur Vernehmung des als Zeugen geladenen früheren Beschuldigten Stern geschritten Der Vorsitzende nahm eine Beeidigung des Zeugen weder vor noch nach seiner Vernehmung vor. Der Zeuge bestätigte, dem Kriminalbeamten Stretter die von diesem bekundeten Angaben gemacht zu haben, und versicherte, daß. Semar und Hammer tatsächlich beim Aufbruch zur Jagd sich so geäußert hätten, wie er es dem Stretter gesagt habe.

Rechtsanwalt Körber stellte hierauf den Antrag, den Zeugen Stretter zu laden und ihn dem Zeugen Stern gegenüberzustellen, zum Nachweis dafür, daß Stretter den früheren Beschuldigten Stern mit einem gleichnamigen Kameraden des Stern verwechselt habe, mit dessen Familie der Angeklagte Semar stark verfeindet sei; der Angeklagte Semar habe gehört, daß dieser andere Stern das Gerücht verbreite, Hammer habe sich bei dem Aufbruche zur Jagd in der von Stretter berichteten Weise geäußert; von diesem Gerücht habe offenbar der Zeuge Stern erfahren; er sei geistig beschränkt und könne Gehörtes und Erlebtes nicht unterscheiden.

Das Gericht lehnte diesen Antrag ab, weil der Angeklagte auf die nochmalige Vernehmung des Zeugen Stretter in seiner Gegenwart keinen Anspruch habe.

Der Staatsanwalt regte sodann die Beeidigung des Zeugen Stern an; er müsse beeidigt werden, weil er von dem Vergehen der unberechtigten Jagdausübung freigesprochen und in Ansehung des Forstwiderstands außer Verfolgung gesetzt worden sei. Die beiden Verteidiger widersprachen der Beeidigung. Das Gericht beschloß hierauf die Beeidigung des Zeugen Stern, da für ihn eine strafbare Handlung deshalb nicht in Frage komme, weil er zur Zeit der Tat nach seiner geistigen Entwicklung unfähig gewesen sei, das Ungesetzliche der hier in Frage kommenden Tat einzusehen. Der Zeuge wurde hierauf vom Vorsitzenden nach Eidesbelehrung beeidigt. Die Beweisaufnahme wurde durch Vernehmung der übrigen Zeugen und der Sachverständigen zu Ende geführt. Nach den Schlußvorträgen des Staatsanwaltes und der Verteidiger erhielten die Angeklagten das letzte Wort.

Nach Beratung des Gerichts verkündete der Vorsitzende den Urteilssatz:

1. Der Angeklagte Hammer wird wegen eines Verbrechens der Körperverletzung mit nachgefolgtem Tode zur Zuchthausstrafe von acht Jahren und zu den Kosten des Verfahrens und der Strafvollstreckung verurteilt.
2. Der Angeklagte Semar wird unter Überbürdung der ausscheidbaren Kosten auf die Staatskasse freigesprochen.

Hierauf erbat sich der Verteidiger des Hammer das Wort und stellte den Antrag, unter Wiederaufnahme des Beweisverfahrens den als Sachverständigen vernommenen Landgerichtsarzt zu befragen, ob nicht die Möglichkeit vorliege, daß ein Schrot aus dem Gewehr des Jagdhüter Schneider in den Körper des Holzmann eingedrungen sei und dessen Tod verursacht oder mitverursacht habe.

Der Vorsitzende gab jedoch ohne Rücksicht auf diesen Antrag die wesentlichen Urteilsgründe bekannt. Die Verurteilung des Hammer war unter anderem auf seine Angaben vor dem Wachtmeister Heintz, auf die Angaben des Mitangeklagten Semar vor dem Amtsrichter und auf die Aussagen der Zeugen Stretter und Stern gestützt.

Sind durch das geschilderte Verfahren Vorschriften der Strafprozeßordnung verletzt worden?

Verstöße gegen prozeßrechtliche Vorschriften, die nach der Anschauung des Bearbeiters das Rechtsmittel der Revision für Hammer erfolgreich erscheinen lassen, sind hervorzuheben.

Die Entscheidungen sind zu begründen.

9. Aufgabe.

(Arbeitsfrist 5 Stunden.)

I. Die Kaufmannswitwe Anna Bauer nahm im Februar 1924 ihre Tochter, die von ihrem Ehemann Hans Schmitt getrennt lebende Buchhändlersfrau Therese Schmitt, in ihre Wohnung, Amalienstr. 42/III in Felden auf. Die Einrichtung dieser von Anna Bauer gemieteten Wohnung war deren Eigentum; Therese Schmitt, das einzige Kind ihrer Eltern, brachte nur die zu ihrem persönlichen Gebrauche bestimmten Gegenstände in die Wohnung ihrer Mutter mit. Im Mai 1924 vermietete Anna Bauer ein möbliertes Zimmer ihrer Wohnung an den Buchhalter Joseph Schmitt; dessen Bedienung und die Instandhaltung seines Zimmers besorgten die Bauer und deren Tochter. Zwischen ihm und Therese Schmitt entwickelte sich allmählich ein Liebesverhältnis.

Am 1. Juli 1925 reiste Anna Bauer zu längerem Sommeraufenthalt nach Reichenhall. Joseph Schmitt, der leichtsinnig Schulden gemacht hatte, beschloß, ein in seinem Zimmer hängendes, seiner Hausfrau gehöriges Ölgemälde zu benützen, um Geld zur Befriedigung drängender Gläubiger zu erlangen. Er überredete die ihm ergebene Therese Schmitt, ihm hiebei behilflich zu sein. Er lud den Kommissionär Ludwig Maier zu sich, gab sich diesem gegenüber als den Inhaber der Bauer'schen Wohnung aus, stellte ihm die Therese Schmitt als seine Ehefrau vor und zeigte ihm im Verein mit Therese Schmitt die Einrichtung der Zimmer. Er bot dem Maier das fragliche Ölgemälde, das er als Eigentum „seiner Ehefrau" bezeichnete, zum Kauf an, setzte aber die Bedingung, daß jener ihm und „seine Frau" den Besitz des Bildes belassen und für einen Zeitraum von 2 Monaten ein Rückkaufsrecht einräumen müsse. Maier erkannte, daß das Gemälde etwa 1000 *M* wert war, und erfuhr von dritter Seite, daß Joseph Schmitt seit längerer Zeit bei einer angesehenen Firma angestellt war; er glaubte, daß das Bild der Therese Schmitt gehörte, die seinen Verhandlungen mit Joseph Schmitt angewohnt und dessen Äußerungen nicht widersprochen hatte. Am 10. Juli 1925 legte er dem Joseph Schmitt und der Therese Schmitt folgenden von ihm entworfenen Vertrag vor:

> Die Buchhalterseheleute Joseph und Therese Schmitt in Felden verkaufen an den Kommissionär Ludwig Maier in Felden das Bild „Abend am Chiemsee" von Kunstmaler Friedrich Schnürlein um 800 ℳ, bestätigen den Empfang des Kaufpreises und erkennen das nunmehrige Eigentum des Käufers an. Der Käufer beläßt vorerst das Bild in der Wohnung der Verkäufer, Amalienstraße 42/III in Felden; die Verkäufer verwahren das Gemälde für den Käufer. Dieser verpflichtet sich, den Verkäufern das Gemälde um 1000 ℳ wieder zu verkaufen, sofern sie dies bis 10. September 1925 verlangen werden.

Joseph Schmitt und Therese Schmitt unterschrieben diesen vom 10. Juli 1925 datierten Vertrag; Maier unterzeichnete gleichfalls und händigte dem Joseph Schmitt 800 ℳ aus, die dieser sogleich an seine Gläubiger abführte.

II. An jenem Tage wurde Therese Schmitt kurz nach dem Weggang des Maier telegraphisch benachrichtigt, daß am 9. Juli 1925 abends ihre Mutter in Reichenhall plötzlich zufolge eines Schlaganfalles gestorben war. Sie teilte dies dem Joseph Schmitt mit und reiste sofort nach Reichenhall ab. Nach ihrer Abreise bemerkte Joseph Schmitt, daß sie an dem im Wohnzimmer der Verstorbenen stehenden Schreibtisch den Schlüssel hatte stecken lassen. Aus Neugierde öffnete und durchsuchte er den Schreibtisch. Es war dies ein sehr altes Möbel, das Anna Bauer vor vielen Jahren von einem inzwischen längst verstorbenen Trödler, dessen Name nicht mehr zu ermitteln ist, gekauft hatte. Joseph Schmitt fand ein Geheimfach des Schreibtisches, das der Anna Bauer und ihrer Tochter unbekannt geblieben war, und es gelang ihm auch nach vielfachen Versuchen, die durch Druck auf eine bestimmte Stelle zu bewirkende Öffnung des Geheimfachs auszumitteln und herbeizuführen. In dem Geheimfach lagen eine Halskette aus echten Perlen und ein goldener Ring mit einem Brillanten. Joseph Schmitt beließ zunächst die Schmucksachen an ihrem Verwahrungsort.

III. Joseph Schmitt war Buchhalter bei dem Kaufmann Georg Huber in Felden. Dieser hatte ihm die Führung der Bücher und der Kasse anvertraut und ihn ermächtigt, über eingehende Zahlungen Quittung zu erteilen und Gelder in der Kasse zu Zwecken des Geschäfts zu verwenden. Zum Geldschrank, worin die Geschäftskasse sich befand, hatte sowohl Schmitt als auch Huber je einen Schlüssel, womit jeder von ihnen den Schrank öffnen konnte. Am 15. Juni 1925 entnahm Schmitt der Geschäftskasse 300 ℳ und bezahlte eine Spielschuld. Um diese Geldentnahme zu verheimlichen, erhöhte er absichtlich die Additionssumme der auf einem Blatt des Kassabuchs eingetragenen Ausgabeposten um 300 ℳ und trug den falschen Additionsbetrag auf dem folgenden Blatt der Ausgaben vor. Am 11. Juli 1925 entdeckte Huber den scheinbaren Additionsfehler und das Fehlen des Betrages von 300 ℳ in der Geschäftskasse, worauf er den Schmitt zur Rede stellte. Dieser erklärte sich zum Ersatz des Fehlbetrags bereit. Er entnahm dem erwähnten Geheimfach die Perlenkette, und verkaufte das Schmuckstück an einen Juwelier um 1300 ℳ. Vom Erlöse behändigte er dem Huber 300 ℳ, den Rest behielt er für sich, um damit das an Maier veräußerte Bild zurückzukaufen.

IV. Therese Schmitt drang alsbald nach der Beerdigung ihrer Mutter, die eine letztwillige Verfügung nicht hinterlassen hatte, in Josef Schmitt, für den Rückerwerb jenes Bildes zu sorgen. Sie äußerte: „Wir haben den Maier beschwindelt; ich habe keine ruhige Stunde, bevor diese Geschichte in Ordnung gebracht ist; wie du das Geld für den Rückkauf des Bildes aufbringst, ist mir gleich!“ Schon nach einigen Tagen brachte ihr Joseph Schmitt die von ihm verwahrten 1000 ℳ, den Rest des Erlöses der Perlenkette. Sie war erstaunt, daß Joseph Schmitt sich so rasch 1000 ℳ verschafft hatte, und vermutete, daß er das Geld seinem Geschäftsherrn unterschlagen habe. Auf ihre Frage, woher er auf einmal so viel Geld habe, gab Joseph Schmitt erst ausweichende Antworten und sagte schließlich kleinlaut, er habe gespielt und gewonnen. Sein Verhalten bestärkte jenen Verdacht der Therese Schmitt. Gleichwohl nahm sie das Geld an, überbrachte es dem Maier und erhielt von diesem auf Verlangen den Vertrag vom 10. Juli 1925 zurück, den sie alsbald zerriß.

V. Da Joseph Schmitt das Liebesverhältnis mit Therese Schmitt fortsetzte, gelang es ihm eines Abends, aus dem Geheimfach des Schreibtisches unbemerkt den Ring an sich zu nehmen. Er hatte hiebei vor, den Ring von einem Juwelier schätzen zu lassen und das Schmuckstück, falls es mindestens 300 ℳ wert sei, für sich zu verwerten. Der Juwelier an den er sich wendete, gab ihm bekannt, daß der Ring höchstens 100 ℳ wert war. Nun entschloß er sich, den Ring demnächst der Therese Schmitt an ihrem Geburtstag als Geschenk zu geben. Er führte diesen Entschluß am 1. November 1925 auch aus. Therese Schmitt war über das Geschenk sehr erfreut.

Das Verhalten des Joseph Schmitt und der Therese Schmitt ist strafrechtlich nach allen in Betracht kommenden Gesichtspunkten zu würdigen. Die Antworten sind unter Anführung der gesetzlichen Bestimmungen zu begründen.

---

10. Aufgabe.

(Arbeitsfrist 5 Stunden.)

I.

Der Bauer Kaspar Arm von Neudorf steigerte am 22. Dezember 1924 bei einer Holzversteigerung einen Ster Holz, das im Gemeindewald der Marktgemeinde Altburg (Bayern) an einer abgelegenen Stelle aufgerichtet und mit Nummernscheitern versehen war. Am Tage darauf erzählte er dies seinem Nachbarn Heinrich Ohm und bat, ihm zum Heimschaffen des Holzes einen großen Handwagen zu leihen, da sein eigener Wagen zerbrochen sei. Ohm sagte die Hergabe des Wagens zu und erklärte sich bereit, auch beim Aufladen und Heimfahren des Holzes mit seinem Neffen Hans Neff behilflich zu sein, doch müsse das Holz erst am späten Abend nach der Fütterung des Viehes geholt werden, da er früher keine Zeit habe. Insgeheim hatte er dabei die Absicht, das

Holz auf irgend eine Weise sofort bei der Heimkunft nach Neudorf in seinen eigenen Hof zu bringen und es dort für sich zu behalten, um für ein ihm von Arm schon lange geschuldetes Darlehen von 200 ℳ eine teilweise Entschädigung zu bekommen. Arm war mit dem Vorschlage des Ohm einverstanden. Abends gegen 7 Uhr fuhren dann Arm, Ohm und Neff in den Altburger Gemeindewald hinaus; auf dem Wagen lag das Beil des Ohm.

Im Wald luden Arm und Ohm das Holz bei Vollmondschein gemeinschaftlich auf. Unterdessen schlich Neff, der mit Rücksicht auf die einsame Lage seines Hofes einen Waffenschein besaß, mit seinem Revolver im Walde nach Wild herum, erlegte einen Hasen und gab ihn heimlich, ohne daß Arm von der Erlegung und Beibringung des Hasen etwas merkte, dem Ohm, der ihn unter dem Holz versteckte.

Auf den Schuß kam der Altenburg'sche Jagdaufseher Wach in Uniform herbei. Weil er glaubte, es sei bei dem Wagen geschossen geworden, und weil er keinen der drei Männer kannte, wollte er den Wagen nach Jagdgeräte und etwa erlegtem Wilde durchsuchen. Als er zugreifen wollte, faßte Ohm das auf dem Boden liegende Beil und schwang es gegen ihn. Wach legte darauf mit seinem Gewehr auf Ohm an; unmittelbar darauf zog aber Neff auf den Ruf des Ohm „Hans hilf" seinen Revolver, zielte auf den Arm des Wach und schoß, traf aber den Wach, der, als er das Zielen sah, eine rasche Wendung machte, nicht in den Arm, sondern in die rechte Hand, sodaß Wach sein Gewehr sinken ließ und so die Absicht des Neff, jenem das Schießen unmöglich zu machen, erreicht war. Wach rief nun, um den ihm geleisteten Widerstand zu brechen, dem Ohm zu: „Ich schlage Dir den Schädel ein" und drang mit zum Schlage erhobenen Gewehr auf Ohm ein, dem inzwischen das Beil entfallen war. Neff wurde dadurch zur Wut gereizt und gab mit dem Rufe: „Hin mußt Du sein" einen zweiten Schuß auf Wach ab, der, in das rechte Auge getroffen, bewußtlos niedersank.

Neff, Arm und Ohm hielten den Schuß für tötlich und hatten keinen Zweifel, daß Wach der stark röchelte, nicht mehr aufkomme. Nun wurde Neff infolge des starken Röchelns und Zuckens des Wach von Mitleid erfaßt und er sagte: „Wenn er nur schon tot wäre!“ Arm äußerte: „Dann könnte er uns nicht mehr verraten, schieß ihn gar tot, dann braucht er auch nicht mehr zu leiden.“ Als Neff dies verweigerte, meinte Arm: „dann kaufe ich dir deinen Revolver für 20 ℳ ab; wird dann geschossen, so ist es nicht mit deinem Revolver geschehen und gehts dich nichts an; du kannst mir den Revolver ruhig verkaufen, denn ich weiß noch gar nicht, ob ich nochmals auf ihn schießen mag.“ Neff, dem der Revolver nur einige Mark gekostet hatte, ließ sich durch den in Aussicht stehenden Gewinn locken, gab dem Arm die Waffe und zog dann mit Ohm, ohne sich um Arm weiter zu kümmer, den Wagen heimwärts; das Beil des Ohm lag auf dem Holz.

Als Ohm und Neff eine Strecke weit weg waren, beugte sich Arm über Wach, der etwas vor sich hinmurmelte, und hörte die Worte: „Kaspar, du hast es nicht umsonst getan, ich habe dich erkannt.“ Wach meinte mit dem Worte „Kaspar“ den dem Neff ähnlich sehenden Wilderer Kaspar Fuchs von Altburg; Arm dachte jedoch, er selbst sei damit gemeint, und drohte dem Wach: „Wenn du nicht schwörst, daß du mich nicht anzeigst, schieße ich dich tot.“ Als ihn Wach darauf nur starr ansah, schoß er ihn in die Herzgegend in der Meinung, Wach müsse doch sterben und er selbst sei vor jeder Entdeckung sicher.

Neff und Ohm fuhren unterdessen mit dem Holze weiter nach Neudorf, ohne von Arm eingeholt zu werden. Vor dem Dorfe ging Neff mit dem Hasen nach Hause. Ohm schichtete sofort das Holz in seinem Hofe auf und beseitigte sogleich die Nummernscheite.

Am nächsten Morgen wurde Wach noch lebend aufgefunden und ins Krankenhaus gebracht. Aus den Wagenspuren und durch Nachforschungen ermittelte die Gendarmerie, daß Arm und Ohm spät abends im Walde gewesen waren, nahm sie fest und stellte sie im Krankenhause dem Wach gegenüber. Dieser erklärte bei vollem Bewußtsein, daß ihm Arm den letzten Schuß beigebracht habe. Kurz darauf starb er. Durch den am Tatorte liegenden Revolver, den man als Eigentum des Neff erkannte, wurde festgestellt, daß Neff an der Sache beteiligt war. Neff wurde gleichfalls festgenommen und mit dem Arm und Ohm dem Gericht überliefert.

Die Öffnung der Leiche des Wach ergab, daß der erste Schuß des Neff dauernde Steifheit der rechten Hand bewirkt hätte, daß der Schuß ins Auge nicht tötlich gewesen wäre, wenn auch das Auge selbst verloren war, und daß erst der Schuß in die Brust durch inneres Verbluten den Tod des Wach herbeigeführt hatte.

Wie ist dieser Sachverhalt in der Richtung gegen Arm, Neff und Ohm strafrechtlich zu beurteilen?

Die Beurteilung ist unter Würdigung aller in Betracht kommenden Gesichtspunkte und unter Anführung der gesetzlichen Vorschriften zu begründen.

II.

Gegen den Gütler Auer wurde das Hauptverfahren vor dem Amtsgerichte Neustadt eröffnet wegen eines Vergehens der Körperverletzung nach §§ 223, 223a StGB. Er war beschuldigt, vorsätzlich und rechtswidrig den Bauern Brandel mittels Messers durch einen Stich in den rechten Arm körperlich mißhandelt zu haben. Brandel schloß sich der öffentlichen Klage als Nebenkläger an und wurde durch Beschluß des Amtsgerichts zum Anschluß für berechtigt erklärt.

Durch Urteil vom 15. Juli 1925 sprach das Amtsgericht den Angeklagten frei; es nahm Notwehr an. Gegen das Urteil legten der Staatsanwalt Revision, der Nebenkläger Berufung zum Landgericht Altburg ein, beide rechtzeitig. Der Staatsanwalt begründete die Revision nicht, weshalb das Amtsgericht die Revision durch Beschluß vom 10. August 1925 als unzulässig verwarf. Der Staatsanwalt trug rechtzeitig auf die Entscheidung des Revisionsgerichts an mit der Begründung, daß nach Lage der Sache über sein Rechtsmittel die Strafkammer des Landgerichts Altburg zu entscheiden habe. Das Revisionsgericht hob den Beschluß vom 10. August 1925 auf.

In dem auf 1. Oktober 1925 vor der Strafkammer anberaumten Termin erschien der ordnungsmäßig geladene Nebenkläger nicht, auch ein Vertreter fand sich für ihn nicht ein. Nach verhandelter Sache wurde durch ein Urteil der Strafkammer die Berufung des Nebenklägers sofort verworfen, auf das vom Staatsanwalt eingelegte Rechtsmittel das amtsgerichtliche Urteil aufgehoben und der Angeklagte wegen Vergehens nach §§ 223, 223a StGB. zu einer Geldstrafe verurteilt; nach der Annahme der Strafkammer handelte der Angeklagte in Notwehr, überschritt aber vorsätzlich in strafbarer Weise die Grenzen der erforderlichen Verteidigung.

Revision wurde gegen das Urteil des Berufungsgerichts von keiner Seite eingelegt. Jedoch gewährte die Strafkammer dem Nebenkläger auf rechtzeitigen Antrag gegen die Versäumung des Termins vom 1. Oktober 1925 die Wiedereinsetzung in den vorigen Stand, weil er glaubhaft gemacht hatte, daß der von ihm an jenem Tage zur Reise nach Altburg benützte Eisenbahnzug entgleiste und dieser Unfall das rechtzeitige Eintreffen in Altburg verhinderte.

Im neuen Hauptverhandlungstermine vor dem Berufungsgericht, am 2. November 1925, beantragte der Nebenkläger Verurteilung des Angeklagten im Sinne des Eröffnungsbeschlusses zu einer Gefängnisstrafe; er führte aus, daß nach dem Ergebnisse der Beweisaufnahme von wirklicher oder vermeintlicher Notwehr keine Rede sein könne. Der Angeklagte bat um Freisprechung. Der Staatsanwalt billigte die Beweiswürdigung des Nebenklägers, vertrat aber die Meinung, daß im Hinblick auf die Rechtskraft des von keiner Seite mit Revision angefochtenen Urteils vom 1. Oktober 1925 eine dem Angeklagten ungünstigere Entscheidung nicht mehr getroffen werden dürfe.

---

1. Das geschilderte Verfahren ist nach den Bestimmungen der Strafprozeßordnung zu würdigen.

2. Die Strafkammer gelangt am 2. November 1925 zur Annahme, daß der Angeklagte weder in wirklicher noch in vermeintlicher Notwehr gehandelt hat und daß seinem Verschulden eine Gefängnisstrafe von 4 Monaten angemessen ist. Wie hat sie zu erkennen?

3. Die Antworten sind unter Anführung der gesetzlichen Vorschriften zu begründen.

Zweite Abteilung.

1. Aufgabe.

(Arbeitsfrist 5 Stunden.)

Die Schirm- und Korbflickerseheleute Johann und Sophie Back zogen seit mehreren Jahren mit einem Wohnwagen im Lande umher. In ihrer Begleitung befand sich die Witwe Agathe Wagner und ein entfernter Verwandter Backs namens Josef Kummer. Gegen Ende Juni 1925 kam die Gesellschaft nach Adorf, B.-A. Neustadt, und setzte sich dort außerhalb der Ortschaft an der Straße fest, weil das Fahrgestell des Wagens dermaßen schlecht geworden war, daß dieser nicht mehr zur Weiterreise benützt werden konnte, und weil die Ehefrau Back in nächster Zeit ihrer Entbindung entgegensah. Die Eheleute Back nächtigten in dem Wohnwagen, während Agathe Wagner und Josef Kummer in der Behausung von Bekannten aus früherer Zeit Unterkunft fanden. Der Bürgermeister von Adorf machte nun ebenso wie das Bezirksamt Neustadt alsbald Versuche, die fahrenden Leute zum Verlassen von Adorf zu bewegen. So wies der Bürgermeister vor allem darauf hin, daß auf Grund einer durch die Regierung für vollziehbar erklärten ortspolizeilichen Vorschrift von Adorf vom 3. Februar 1922 gemäß § 366 Ziff. 10 RStGB. Personen mit Wohnwagen nicht länger als 24 Stunden in der Gemeinde verweilen dürfen. Back erklärte jedoch, daß er das Umherziehen nach Zigeunerart aufgeben und sich in Adorf seßhaft machen wolle. Auf Grund dieses Entschlusses suchte er bei der Gemeidebehörde wiederholt, allerdings erfolglos, um Zuteilung einer Wohnung für sich und seine Ehefrau sowie um Eintragung in die Liste der Vormerkungen für eine Familienwohnung in Adorf nach.

Die Ehefrau Back hat im August 1925 im Krankenhause Adorf entbunden, in das sie auf Armenkosten aufgenommen werden mußte. Mittel zum Ersatz der Kosten besitzen die Eheleute Back nicht, zumal ihr Pferd, das sie in einer Scheune stehen hatten, inzwischen eingegangen ist. Sie ernährten sich samt ihren Begleitern kümmerlich durch Schirmmachen und Korbflicken. Da der Verdienst nicht zur vollen

Fristung des Lebens hinreichte, wurde dem Johann Back mit Rücksicht auf seine durch die Entbindung geschwächte Frau und auf das Kind eine Armenunterstützung von 2 ℳ in der Woche vom Ortsfürsorgeverband Adorf gereicht. Nach Bestätigung der Gemeindebehörde Adorf vom 30. September 25 sind bis dorthin 83 ℳ für Entbindungskosten und 18 ℳ für laufende Unterstützung der Familie Back vom Ortsfürsorgeverband Adorf aufgewendet worden.

Auch Josef Kummer mußte die Hilfe des Ortsfürsorgeverbandes in Anspruch nehmen. Er wurde im Juli 1925 durch einen Hufschlag des Pferdes seines Patrons Back am Oberschenkel schwer verletzt und mußte, weil mittellos, auf Armenkosten im Krankenhaus verpflegt werden. Nach seiner Entlassung von dort im August 1925 war er zeitweise in verschiedenen landwirtschaftlichen Betrieben in Adorf beim Einbringen der Ernte tätig, die übrige Zeit war er ebenso wie Agathe Wagner dem Back beim Korbflicken behilflich.

An Ausweispapieren führte Johann Back mit: eine Aufnahmeurkunde des ehemaligen kaiserl. Bezirkspräsidenten in Colmar vom 27. Januar 1908, laut deren Johann Back, geboren am 1. Juli 1877 in Mackenbach, BA. Homburg, Pfalz, die elsaß-lothringische Staatsangehörigkeit erworben hat, ferner eine Heiratsurkunde des Standesamts Colmar, nach der Johann Back sich am 8. März 1908 mit der am 2. Februar 1886 in Nürnberg geborenen und dort beheimateten Sophie Müller in Colmar verehelicht hat.

Agathe Wagner, geb. Kern, war in der Gemeinde Adorf von früher her bekannt. Sie war am 7. April 1890 in Bischofsheim im Elsaß geboren und stammte aus einer alteingesessenen Elsässer Familie; bereits ihre Eltern und Großeltern waren in Bischofsheim ansässig gewesen. Als elsässisch-lothringische Staatsangehörige heiratete sie im Jahre 1917 den von Adorf stammenden damals gleich ihr in Straßburg in Arbeit befindlichen bayerischen Staatsangehörigen Daniel Wagner, mit dem sie im gleichen Jahre nach Adorf übersiedelte. Nach dessen Tod im Jahre 1920 hatte sie sich in Adorf eine Reihe von Diebstählen und Betrügereien zuschulden kommen lassen; sie war deshalb durch Urteil des Schöffengerichts am Amtsgericht

Neustadt vom 2. Mai 1921 zu 3 Monat Gefängnis verurteilt worden, die sie in den darauffolgenden Monaten verbüßte. Bald hernach war Agathe Wagner von Adorf fortgezogen und kam erst mit der Familie Back wieder dorthin zurück.

Josef Kummer war nach einem in seinen Händen befindlichen Taufschein am 10. Juli 1906 in Milwaukee, Nordamerika, geboren; seine Eltern stammten gleich Back aus Mackenbach in der Pfalz und waren 1905 als bayerische Staatsangehörige nach Amerika ausgewandert. Zu Beginn des Krieges hatte der Vater des Josef Kummer sich um die amerikanische Staatsangehörigkeit beworben und war nebst seiner Familie am 21. Januar 1915 als amerikanischer Bürger naturalisiert worden; Nachweis hierüber hatte Josef Kummer, der nach dem Tode seiner Eltern 1920 nach Deutschland zurückgekehrt war, in Händen.

Die Eheleute Back wurden mehrfach betroffen, wie sie auf den Feldern Kartoffel und Kraut stahlen und Weidenruten für ihre Korbarbeiten entwendeten. Johann Back wurde auf Anzeige mit rechtskräftigem Strafbefehl des Amtsgerichts Neustadt vom 14. August 1925 wegen Übertretung nach Art. 112 Ziff. 2 PStGB. zu 6 ℳ Geldstrafe oder 3 Tagen Haft, die Ehefrau Sophie Back mit Strafbefehl des gleichen Gerichts vom 25. August 1925 wegen Entwendung von Feldfrüchten zu 3 ℳ oder 1 Tag Haft verurteilt. Aus den bei dieser Gelegenheit erholten Straflisten der Eheleute Back war zu ersehen, daß der Ehemann früher bereits mit Strafbefehl des Amtsgerichts Donauwörth vom 1. Mai 1924 wegen Feldfrevels bestraft worden ist, während seine Ehefrau, die sich auch mit Wahrsagen beschäftigt hatte, vom Amtsgericht Mallersdorf am 30. Oktober 1924 gemäß Art. 54 PStGB. mit 10 ℳ oder 3 Tagen Haft bestraft worden war.

Agathe Wagner hatte während ihres dermaligen Aufenthalts in Adorf eine Gefängnisstrafe von 6 Wochen im Amtsgerichtsgefängnis Neustadt zu verbüßen, die ihr am 10. Januar 1925 vom Amtsgericht Kelheim wegen eines Vergehens der Hehlerei zuerkannt worden war; auch wurde sie vom Amtsgericht Neustadt am 27. Juli 1925 wegen Bettels mit 3 Tagen Haft bestraft, die sie anschließend an die Gefängnisstrafe von 6 Wochen verbüßte.

Da Back samt Anhang zu einer freiwilligen Weiterreise nicht zu bewegen war, beantragte der Gemeinderat Adorf mit Beschluß vom 3. Oktober 1925 der Familie Back, der Witwe Wagner und dem Josef Kummer die Fortsetzung des Aufenthalts in Adorf zu versagen: Die Familie Back müsse dauernd von der Armenfürsorge unterstützt werden, ihre Ausweisung sei deshalb gemäß Art 3 Ziff. 2 des Aufenthaltsgesetzes und § 5 des Freizügigkeitsgesetzes gerechtfertigt, nachdem sie einen Unterstützungswohnsitz in Adorf nicht habe erwerben können und die Unterstützungsbedürftigkeit nicht nur auf eine vorübergehende Arbeitsunfähigkeit zurückzuführen sei. Die Familie Back zähle zudem noch zu den Neuzuziehenden, so daß das Abweisungsbegehren auch nach § 4 des Freizügigkeitsgesetzes begründet sei. Der Ausweisungsantrag werde ferner auf die ortspolizeiliche Vorschrift vom 3. Februar 1922 gestützt, die fahrenden Leuten den Aufenthalt in Adorf über die Dauer von 24 Stunden untersage, und endlich auf die Vorstrafen der Eheleute Back.

Agathe Wagner müsse gleichfalls wegen ihrer Vorstrafen aus Adorf ausgewiesen werden, nachdem sie wiederholt wegen Diebstahls bestraft worden sei. Die Ausweisung müsse endlich auch auf den Ausländer Joseph Kummer ausgedehnt werden, der von der Gemeinde Adorf Armenunterstützung in Gestalt von Krankenhilfe erhalten habe.

Im übrigen fühle die Bevölkerung von Adorf sich durch die Anwesenheit der fremden Leute dauernd beunruhigt, da diese, wie die Erfahrung gezeigt habe, die öffentliche Sicherheit fortgesetzt gefährden.

Der Ortsfürsorgeausschuß Adorf schloß sich in seiner Sitzung vom 10. Oktober 1925 dem Gemeinderatsbeschluß vom 3. des gleichen Monats an und stellte gleichfalls förmlichen Antrag auf Ausweisung der Familie Back und des Josef Kummer, „aus armenrechtlichen Gründen".

Das Bezirksamt Neustadt, dem beide Beschlüsse am 20. Oktober 1925 vorgelegt wurden, ordnete zunächst die Einvernahme der auszuweisenden Personen an.

Johann Back erklärte am 30. Oktober 1925, daß er das Ausweisungsrecht der Gemeinde Adorf bestreite; er habe seinen ständigen Aufenthalt in Adorf und könne deshalb von hier nicht ausgewiesen werden; wenn er auch kein Elsässer mehr sei, so sei er doch noch Deutscher und als solcher dürfe er aus dem Orte, an dem er Armenunterstützung empfange, nicht weggewiesen werden. Seine Bestrafungen seien zudem so gering, daß sie zu einer Ausweisung nicht führen könnten.

Die Ehefrau Back bat, von einer Ausweisung abzusehen, da sie nicht wüßte, wo sie sich von Adorf aus hinwenden solle.

Agathe Wagner gab an, sie habe durch ihren früheren Aufenthalt in Adorf dort den Unterstützungswohnsitz ersessen, und könne deshalb von Adorf nicht ausgewiesen werden. Einen anderen Unterstützungswohnsitz habe sie seit ihrem Wegzug nicht mehr erwerben können, da sie sich an keinem Orte länger als höchstens 2—3 Monate aufgehalten habe. Sollte ihre Ausweisung trotzdem durchgeführt werden, so solle das Bezirksamt sie nach Bischofsheim zu ihren Eltern bringen lassen, wo sie sofort Aufnahme finden werde.

Josef Kummer machte geltend, er sei nach einer Krankenhauspflege von 3 Wochen als geheilt und arbeitsfähig entlassen worden, er brauche keinerlei Armenhilfe mehr und werde sich auch künftig ohne fremde Hilfe durchzubringen wissen. Die Annahme der Gemeinde, daß er Ausländer — Amerikaner — sei, gehe fehl; er sei bayerischer Staatsangehöriger, wie sein Vater war; er habe hierüber Auskunft von dem Deutschen Generalkonsulat in Newyork vor seiner Rückwanderung nach Deutschland erhalten.

Da das Bezirksamt Zweifel wegen der etwaigen späteren Übernahme der auszuweisenden Personen hatte, übermittelte es die Verhandlungen dem zuständigen Landesfürsorgeverband M., in dessen Bezirk Adorf gelegen ist, mit dem Ersuchen um Äußerung. Auch fragte das Bezirksamt bei dem französischen Konsulate in N. unter Mitteilung der Personalien der Agathe Wagner an, ob letztere auf Grund eines deutschen Reisepasses, das zur Heimkehr nach Bischofsheim bei Straßburg erforderliche französische Visum erhalten würde.

Der Landesfürsorgeverband antwortete: Für den Fall,

daß die auszuweisenden Personen keinen gewöhnlichen Aufenthalt besäßen, werde der Landesfürsorgeverband für sie aufkommen müssen; doch habe der Landesfürsorgeverband keine Gelegenheit sie zu versorgen; er werde sie deshalb dem Ortsfürsorgeverband Adorf zur weiteren Unterstützung überweisen müssen.

Das französische Konsulat N. teilte mit, daß Agathe Wagner nach Ansicht des Konsulats als französische Staatsangehörige eines französischen Passes bedürfe, nach dessen Ausstellung ihrer Heimkehr nach Bischofsheim kein Hindernis im Wege stehe.

Auf eine Anfrage beim Bezirksamt Homburg, was dort über die Staatsangehörigkeit des Johann Back bekannt sei, lief beim Bezirksamt Neustadt am 10. November 1925 die Antwort ein, Johann Back sei von Geburt bayerischer Staatsangehöriger und ursprünglich in Mackenbach beheimatet gewesen; das Bezirksamt Homburg habe ihm auf Ansuchen zur Erwerbung der elsaß-lothringischen Staatsangehörigkeit am 20. November 1907 einen Staatsangehörigkeitsausweis ausgestellt; weitere Vorgänge seien in den einschlägigen Akten nicht enthalten.

Muß oder kann der Aufenthalt der vier genannten Personen in Adorf eingeschränkt werden? Die Beantwortung ist zu begründen; soweit veranlaßt, sind auch die Staatsangehörigkeitsverhältnisse dieser Personen sowie die Erklärungen der Beteiligten zu würdigen.

Anlage

zu Art. 79 des „Friedensvertrages von Versailles“
RGBl. 1919 S. 829.

§ 1.

Mit Wirkung vom 11. November 1918 erlangen von Rechtswegen die französische Staatsangehörigkeit wieder:

1. Die Personen, die durch den französisch-deutschen Vertrag vom 10. Mai 1871 die französische Staatsange-

hörigkeit verloren und seitdem keine andere als die deutsche Staatsangehörigkeit erworben haben;

2. die ehelichen oder unehelichen Nachkommen der unter der vorstehenden Nummer genannten Personen mit Ausnahme derer, die unter ihren Vorfahren väterlicherseits einen nach dem 15. Juli 1870 nach Elsaß-Lothringen eingewanderten Deutschen haben;
3. alle in Elsaß-Lothringen von unbekannten Eltern Geborenen und die Personen, deren Staatsangehörigkeit unbekannt ist.

---

2. Aufgabe.

(Arbeitsfrist 5 Stunden.)

In der Gaststätte zum Bayerischen Hof in X. ist jeden Abend Künstlerkonzert. Der Wirt hat mit dem „Kapellmeister“ A. einen Vertrag geschlossen, der lautet: A. hat täglich von 8—11 Uhr abends zu spielen; er hat zu diesem Zweck noch 3 andere Musiker selbst einzustellen und zu entlohnen; er erhält für jeden Abend im ganzen 12 *M*, wovon er auch die anderen Musiker zu bezahlen hat; das Vertragsverhältnis kann von beiden Teilen wöchentlich gekündigt werden; A gilt als selbständiger Unternehmer und hat für alle Versicherungen, die gesetzlich in Betracht kommen, selbst zu sorgen.

A. hat denn auch 3 Gehilfen eingestellt und sie zur Krankenversicherung bei der Innungskrankenkasse für das Gastwirtsgewerbe in X., den §§ 317, 318 RVO. entsprechend, angemeldet und die Beiträge jeweils pünklich bezahlt. Den täglichen Verdienst hat er stets mit den anderen gleichheitlich geteilt.

Dieser „Kapellmeister“ A. ist jedoch in Wirklichkeit Kanzleibeamter beim Stadtrat X. mit einem Jahresgehalt von 1800 *M* und in dieser Stellung gemäß § 169 RVO. als versicherungsfrei anerkannt. Er verschafft sich nur mit Genehmigung seiner vorgesetzten Dienstbehörde durch das Musizieren noch einen Nebenverdienst. Zwei von den anderen Mitwirkenden B. und C. sind selbständige Gewerbetreibende in X., die sich ebenfalls einen Nebenverdienst verschaffen wollen.

Nur der Dritte von ihnen, D., ist Berufsmusiker. Er verdient sich durch Musikunterricht (die Schüler kommen teils zu ihm in seine Wohnung, teils geht er in die Wohnungen der Schüler) jährlich etwa 1200 ℳ, und zwar schon seit längerer Zeit; bei der Kapelle des A. wirkte er seit dem 1. Januar 1924 mit. Bei einer Krankenkasse war er vorher nicht gemeldet.

Bei der Innungskrankenkasse wurde D. in die Lohnstufe V mit einem Grundlohn von 5 ℳ täglich, eingereiht. Durch Beschluß vom 1. Oktober 1924 (Mittwoch) hat der Kassenvorstand die Grundlöhne erhöht mit Wirkung vom 1. Januar 1925 an; der Grundlohn der Stufe V wurde dabei auf 6 ℳ festgesetzt.

Im Sommer 1924 erkrankte D. an einem Herz- und Nierenleiden, als dessen Ursache der Arzt wesentlich seine sehr unregelmäßige Lebensweise ansah. Die ersten Beschwerden, die D. nötigten, zum Arzt zu gehen, zeigten sich am 1. Juli; seitdem steht D. ständig in ärztlicher Behandlung. Im Übrigen aber wechselte sein Zustand öfter, sodaß er in den Zeiten vom

12. Juli mit 30. September,
3. November mit 2. Dezember 1924,
16. Januar mit 18. Februar und
1. April mit 14. Mai 1925

arbeitsunfähig, im Übrigen aber arbeitsfähig war.

Am 3. November 1924, als er zum zweitenmale arbeitsunfähig wurde, entließ ihn A. mit sofortiger Wirkung aus der Beschäftigung bei der Musikkapelle und meldete ihn bei der Krankenkasse ab. Das Stundengeben hat D., soweit er arbeitsfähig war, stets fortgesetzt, insbesondere auch nach dem 14. Mai 1925, teilweise auch, von der Not getrieben, zu Zeiten, in denen ihn der Arzt für arbeitsunfähig erklärt hatte.

D. verlangte von der Innungskrankenkasse die gesetzlichen Leistungen und zwar das Krankengeld bis zum 30. September 1924 nach einem Grundlohn von 5 ℳ, vom 1. Oktober 1924 an nach dem Grundlohn von 6 ℳ. Er wurde jedoch abgewiesen mit der Begründung: Er sei ein ortsbekannter Trinker, er habe sich das Leiden — was auch der Arzt bestätigte — durch fortgesetzten Alkoholmißbrauch zugezogen, es also selbst verschuldet; dafür könne er keine Kassenleistungen beanspruchen. Auch sei er bei der Innungskrankenkasse nur irrtümlicherweise versichert worden; er sei in seiner Eigenschaft als Musiklehrer selbständiger Unternehmer und daher insoweit überhaupt nicht versicherungspflichtig, als Mitglied der Musikkapelle im Bayerischen Hof aber sei er Angestellter des Kapellmeisters A. gewesen. Aus diesem Grunde gehöre er zur Allgemeinen Ortskrankenkasse. Vorsorglich fügte die Innungskrankenkasse bei: Was den Betrag seines Anspruchs anlange, so könnte er für Zeiten der Arbeitsunfähigkeit, in denen er trotzdem gearbeitet (Stunden gegeben) habe, kein Krankengeld beanspruchen; die Erhöhung des Grundlohnes wirke ferner, wie der Vorstandsbeschluß ausdrücklich ausspreche, erst vom 1. Januar 1925 an.

D. stellte Klage beim Versicherungsamt, welches die Allgemeine Ortskrankenkasse zum Verfahren beilud. Diese Kasse brachte vor, die Beiladung sei nicht zulässig, weil sie — die Ortskrankenkasse — an dem Verfahren gar nicht beteiligt sei; denn die Leistungspflicht der Innungskrankenkasse ergebe sich schon aus § 213 RVO. Im übrigen trat die Ortskrankenkasse den Einwendungen der Innungskrankenkasse bei.

Ehe dieser Streit endgültig entschieden war, am 1. Juni 1925, wurden D. und seine Ehefrau auf der Straße von einem Kraftwagen überfahren und beide schwer verletzt. D. wandte sich wiederum an die Ortskrankenkasse mit dem Antrag auf Gewährung der gesetzlichen Kassenleistungen für ihn und seine Ehefrau. Die Kasse erwiderte: Es sei dem D. schon längst eröffnet worden, daß er die Innungskrankenkasse nichts angehe. Was seine Ehefrau angehe, so habe die Innungskrankenkasse die Familienhilfe nicht eingeführt. D. solle sich an die Ortskrankenkasse wenden, der er von Rechts wegen zugehöre und die auch die Familienhilfe eingeführt habe. Aber auch die Ortskrankenkasse lehnte den Anspruch des D. ab mit der Begründung: Über die Kassenzugehörigkeit sei bis zur Stunde noch nicht entschieden; solange aber sei ihm die Innungskrankenkasse leistungspflichtig gemäß § 213 RVO. Wenn die Innungskrankenkasse keine Familienhilfe eingeführt habe, so berühre das die Ortskrankenkasse nicht. Überdies sei D. selbst bereits ausgesteuert nnd könne daher für seine Person keinen Anspruch mehr erheben.

---

1. Welchen Versicherungszweigen unterliegen die Mitglieder der Musikkapelle des A. und in welche Krankenkasse gehören sie allenfalls?
2. Welche Barleistungen hat D., falls er krankenversicherungspflichtig ist, auf grund seiner Erkrankung vom Sommer 1924 zu beanspruchen und von welcher Krankenkasse?
3. Auf welche Weise ist über die Kassenzugehörigkeit des D. zu entscheiden? War es richtig, daß das Versicherungsamt die Allgem. Ortskrankenkasse beilud?
4. Hat D. einen Leistungsanspruch aus dem Unfall vom 1. Juni 1925, und gegen welche Kasse?
5. Hat seine Ehefrau aus dem gleichen Anlaß einen Leistungsanspruch aus der Krankenversicherung und gegen welche Kasse richtet er sich?
6. Kann eine Krankenkasse, die etwa für den Unfall vom 1. Juni 1925 leistungspflichtig ist, vom Halter des Kraftwagens Ersatz ihrer Aufwendungen verlangen?

Die Entscheidung ist zu begründen, die einschlägigen Gesetzesvorschriften sind überall anzuführen.

Die RVO. und das AVG. sind nur in ihrer jetzt gültigen Fassung anzuwenden.

---

3. Aufgabe.

(Arbeitsfrist 5 Stunden.)

Im rechtsrheinischen Bezirk Felden befinden sich über 3000 ha Waldungen, die keiner Gemeindemarkung zugeteilt sind. Der größere Teil dieser Waldungen steht im Eigentum des bayerischen Forstärars, ein kleiner Teil im Privateigentum, Im Laufe der Jahre kamen an der Grenze der Waldungen nicht selten kleinere Grenzberichtigungen, veranlaßt durch Kauf und Tausch, vor, ohne daß Verhandlungen wegen Abänderung der Gemeinde-, Ortschafts- oder abgesonderten Markungen eingeleitet worden wären. Eine dieser Waldungen ist das sogenannte Egelseer Holz, das 245 Tagwerk umfaßt.

Von der Bezirksstraße von Felden nach Tiefenbach zweigt ein Gemeindeverbindungsweg ab, der zur Landesgrenze führt und die Gemeinden Spielberg und Steinlohe unter sich und mit der Bezirksstraße verbindet. Er wird neben dem üblichen Verkehr überwiegend zur Abfuhr von Holz aus den umfangreichen Staats- und einigen Gemeinde- und Privatwaldungen benützt, die an diesem Weg oder in dessen Nähe liegen. Das Holz geht hauptsächlich zur Stadt Felden zu den dortigen Sägewerken und zur Bahnstation. Die Gemeinden Spielberg und Steinlohe haben den etwa 12 km langen Weg im Laufe der Jahre mit Grundbau versehen und in gutem Zustand unterhalten. Nur eine kurze Zwischenstrecke von etwa 340 m Länge, die im Egelseer Holz liegt, befindet sich in einem sehr schlechten Zustand und ist kaum mehr befahrbar, sodaß das Bezirksamt Felden von Aufsichtswegen eingreifen mußte. Die Ermittlungen ergaben nun folgenden Sachverhalt. Die fragliche Wegstrecke stand bis zum Jahre 1872 im Eigentum des bayerischen Forstärars und bildete bis dahin einen katastermäßig nicht ausgeschiedenen Bestandteil des Egelseer Holzes. Der Gütler Georg Klug von Egelsee, Gemeinde Spielberg, besaß außerhalb dieses Holzes in der angrenzenden Ortschaftsmarkung Egelsee ein Anwesen mit 18 Tgw. Grundbesitz, der zum großen Teil an das Egelseer Holz angrenzt. Klug schloß am 1. April 1872 zur Abrundung des beiderseitigen Besitzes mit dem Forstärar einen notariellen Tauschvertrag. Demzufolge ging die Wiese Pl. Nr. 341 des Georg Klug mit der Steuerverhältniszahl 17, die von dem angrenzenden Egelseer Holz fast ganz umschlossen ist, „lastenfrei“ in das Eigentum des Forstärars über, während er von dem Forstärar aus dem Egelseer Holz, das die Pl. Nr. 220 führt, eine Fläche von 6 Tgw. „lastenfrei“ abgetreten erhielt, die von Pl. Nr. 220 weggemessen wurde und die Pl. Nr. 220½ erhielt. Einen Bestandteil dieses Grundstücks bildet die fragliche Wegstrecke, gemeinhin Egelseer Holzweg genannt. Das Egelseer Holz wurde bei der Bildung der Gemeinden und auch späterhin niemals einer Gemeindemarkung zugeteilt; es gehört wie die Ortschaftsmarkung Egelsee zum Steuerdistrikt Spielberg. Das Grundstück Pl. Nr. 220½ mit der Steuerverhältniszahl 15 wurde später teilweise gerodet und zu einer Wiese angelegt, der Rest ist noch Wald und Weg. Dieser Weg wurde seit langer Zeit fast gar nicht unterhalten. Nur die tiefsten Löcher wurden ab und zu mit Feldsteinen ausgefüllt, bald von der Forstbehörde, bald von Jakob Klug, bald von der Ortschaft Egelsee, je nachdem das eigene Bedürfnis dies unbedingt notwendig machte. Pl. Nr. 220 hat im Steuerkataster nunmehr die Steuerverhältniszahl 720. Der Standpnnkt der Beteiligten ist in der Hauptsache folgender:

a) Forstverwaltung: Mit der Veräußerung des Grundstücks Pl.-Nr. 220½, zu dem der strittige Weg gehöre, habe jede Verpflichtung des Forstärars zur Wegunterhaltung aufgehört; das Forstärar habe an dem fraglichen Wege in den nächsten 20 Jahren fast gar kein Interesse, da dort größere Holzfällungen jetzt nicht stattfinden; der Weg werde jetzt mit der Pl. Nr. 220½ zur Ortschaft Egelsee zu rechnen sein, da er nicht mehr zum Egelseer Holz, sondern zum Anwesen des Jakob Klug von Egelsee gehöre; den Weg werde jetzt dieser Eigentümer oder die Ortschaft Egelsee oder die Gemeinde Spielberg zn unterhalten haben.

b) Der Gemeinderat Spielberg stellte sich auf den Standpunkt, daß der Weg von jeher vom Forstamt unterhalten worden sei und diese Verpflichtung wohl noch fortbestehe; das Egelseer Holz und das Grundstück Pl. Nr. 220½ gehören nicht zur Gemeindemarkung Spielberg. Jedenfalls hätte den Weg nicht die Gemeinde Spielberg, sondern die Ortschaft Egelsee zu unterhalten, da in der Gemeinde Spielberg die Gemeindewege herkömmlicher Weise von den Ortschaften innerhalb ihrer Markungen unterhalten werden (dies ist, wie amtsbekannt, richtig); letzten Endes käme Jakob Klug in Frage, auf den mit dem Grundstück Pl. Nr. 220½ die Wegunterhaltung übergegangen sei.

c) Der Ortsausschuß Egelsee erklärte, ihn gehe der Tauschvertrag vom 1. April 1872 gar nichts an; den Egelseer Holzweg solle das Forstärar wie früher unterhalten oder

Jakob Klug, der Eigentümer des Grundstücks und des Weges sei; es sei ihm nicht bekannt, daß das Grundstück Pl. Nr. 220 1/2 zur Ortschaft Egelsee gehöre, nach seiner Meinung gehöre es zum Egelseer Holz wie früher.

d) Jakob Klug erklärt: ihn gehe als Privatmann die Wegunterhaltung gar nichts an; überall werden die Gemeindewege von den Ortschaften oder vom Forstärar unterhalten; in dem Tauschvertrag stehe, daß das Grundstück Pl. Nr. 220 1/2 „lastenfrei" auf seinen Vater übergehe, also werde das Forstärar die Wegunterhaltung behalten haben; andernfalls müßte die Ortschaft Egelsee den Weg unterhalten, denn er zahle von dem Grundstücke Pl. Nr. 220 1/2 an die Ortschaft Egelsee ohnehin Umlagen, wie solche schon öfters zur Wegunterhaltung erhoben worden seien; er möchte überhaupt wissen, wohin sein Grundstück jetzt gerechnet werde, zur Ortschaft Egelsee oder zum Egelseer Holz; auch in letzterem Falle sei er nur ganz wenig an der Wegunterhaltung beteiligt, da er vom Egelseer Holz nur den geringsten Teil besitze.

Festgestellt wurde noch, daß Jakob Klug tatsächlich von dem Grundstück Pl.-Nr. 220 1/2 Gemeindeumlagen und einigemale Ortschaftsumlagen gezahlt hat; die Ortschaftsumlagen wurden hauptsächlich zur Wegunterhaltung innerhalb der Ortschaft Egelsee verwendet .

Der Vorstand des Bezirksamts Felden beauftragte den beim Bezirksamt beschäftigten Referendar Z., die Frage der Unterhaltung des Egelseer Holzwegs nach allen Seiten zu untersuchen, seine Rechtsauffassung unter Würdigung des Parteivorbringens in einem schriftlichen Gutachten niederzulegen und darzutun, in welchem Verfahren, wenn nötig, die Weginstandsetzung erzwungen und die strittigen Rechtsfragen entschieden werden können.

Aufgabe: das dem Referendar Z. aufgetragene Gutachten ist zu entwerfen.

---

4. Aufgabe.

(Arbeitsfrist 5 Stunden.)

I.

Am 25. Januar 1925 starb in der bayerischen kreisunmittelbaren rechtsrheinischen Stadt Blauberg, Amtsgericht gleichen Namens, der verwitwete Fabrikbesitzer Fridolin Grün. Er betrieb dort bis zu seinem Tode gemeinschaftlich mit seiner Tochter Frieda als Miteigentümerin des Anwesens Hindenburgstraße Haus-Nr. 44 eine Lackfabrik. Dieses nicht im Handelsregister eingetragene Unternehmen nebst dem erwähnten Grundbesitz gingen im Erbwege auf sein einziges Kind Frieda über, der Erbübergang wurde im Grundbuch eingetragen. Frieda Grün betrieb die Fabrik selbständig weiter.

Außerdem erbte Frieda Grün von ihrem Vater eine Geldforderung aus Warenlieferungen von insgesamt 500 RM., weiter einen Betrag von 70 RM., den die Landgemeinde Stein, Amtsgerichts gleichen Namens, auf Grund rechtskräftigen verwaltungsgerichtlichen Erkenntnisses an Fridolin Grün zu erstatten hatte, ferner 100 RM., die die Stadtgemeinde Blauberg zuviel an Pflasterzoll von ihm erhoben hatte, ohne daß dieser Ersatzbetrag verwaltungsgerichtlich festgestellt worden wäre, endlich eine Restforderung von 80 RM. für Lieferung von Farben an die Stadt Blauberg.

Schon am 24. Oktober 1924 hatten Vater und Tochter Grün dem Stadtrat Blauberg erklärt, sie müßten im kommenden Jahre wegen des schlechten Geschäftsgangs den Betrieb schließen und ihre Arbeiter entlassen, wenn ihnen nicht in der Entrichtung gemeindlicher Abgaben Erleichterungen gewährt würden. Sie könnten den Betrieb nur aufrechterhalten, wenn sie für die kommenden Rechnungsjahre jeweils lediglich 70 v. H. der auf sie treffenden gemeindlichen Umlagen zur Grund-, Haus- und Gewerbesteuer sowie auch von etwaigen Umlagenvorauszahlungen zu leisten hätten

Der Stadtrat Blauberg ging, um die Entlassung der Arbeiter hintanzuhalten, mit ordnungsgemäßem Beschluß vom 5. November 1924 anläßlich der Beratungen über den städtischen Voranschlag für das Rechnungsjahr vom 1. April

1925 mit 31. März 1926 darauf ein und überschickte eine vom 1. Bürgermeister unterfertigte Beschlußausfertigung den Gesuchstellern.

Zur Abgleichung der Ausgaben im Voranschlage beschloß der Stadtrat

1. die Erhebung von Umlagen, die in den Voranschlag (Einnahmen) eingesetzt wurden mit je 200 v. H. zur Haus- und Gewerbesteuer, ferner von 400 v. H. zur Grundsteuer;
2. entsprechend der zu erwartenden ministeriellen Ermächtigung die Erhebung von Vorauszahlungen auf die Umlagen nach Maßgabe dieser Hundertsätze zu den gleichen Zeitpunkten, in denen die einschlägigen Landessteuern fällig werden; die hiernach eingehenden Zahlungen seien auf den endgültigen Umlagenbetrag anzurechnen und Überzahlungen zu erstatten;
3. zur Erfüllung des mit den Fabrikbesitzern Grün getroffenen Umlagenermäßigungsabkommens die Einsetzung eines Betrags von 700 R.M. in den Voranschlag bei den Ausgaben.

Im übrigen wurde ordnungsgemäß nach GO. Art. 88 II, III, V verfahren. Erinnerungen gegen den Voranschlag wurden nicht geltend gemacht. Der vorgesetzten Regierung wurde am 10. Dezember 1924 eine Abschrift des festgestellten Voranschlages übersandt unter Beilage des Abkommens vom 5. November 1924. Am 10. Januar 1925 lief beim Stadtrat Blauberg folgende Entschließung der Regierung vom 5. Januar 1925 ein: „Gegen den Voranschlag für das Rechnungsjahr 1925/26 bestehen staatsaufsichtlich keine Erinnerungen."

Am 1. Juli 1925 teilte der Stadtrat Blauberg in einer an der Amtstafel angeschlagenen und in den Tageszeitungen veröffentlichten Bekanntmachung mit, daß ihm im Vollzug einer gemäß des Vollzugsgesetzes zum Finanzausgleichsgesetze (= VGFAG) Art. 19 erschienenen gemeinsamen Entschließung der Staatsministerien des Innern und der Finanzen die Ermächtigung zur Erhebung von Umlagenvorauszahlungen erteilt wurde. Zugleich forderte er in dieser Bekanntmachung auf, die auf das erste Vierteljahr des Rechnungsjahrs (1. April mit 30. Juni 1925 treffenden Umlagenvorauszahlungen auf die genannten Umlagenarten mit den beschlossenen Hundertsätzen von 200 und 400 spätestens bis 15. Juli 1925 in der Stadtkämmerei Blauberg zu entrichten. Im Ausschreiben war hervorgehoben, a) daß säumige Pflichtige Zwangsvollstreckung nach fruchtlosem Ablauf einer Schonfrist von einer Woche nach diesem Termin zu erwarten haben, b) daß ministeriell ein Verzugszuschlag von 9 v. H. jährlich festgesetzt worden sei (BGFAG Art. 19 III).

Die Angaben im Ausschreiben über die Ermächtigung zur Erhebung von Vorausleistungen, sowie die Festsetzung von Verzugszinsen sind richtig und sind ebensowenig bestritten wie die Fälligkeit der Vorauszahlungen.

II.

Frieda Grün hatte nach Mitteilung des Finanzamts Blauberg, Zweigstelle für bayerische Angelegenheiten, für das erste Vierteljahr 1925/26 an Staatssteuern als Vorausleistung zu entrichten:

a) Für Haussteuer: 40 RM.; b) für Gewerbesteuer: 180 RM.; c) für Grundsteuer; 25 RM. Demgemäß wurde im Rechnungsamt des Stadtrats Blauberg ihr Umlagenbetrag an Vorauszahlungen für den gleichen Zeitraum berechnet mit:

a) 80 RM. für Haussteuerumlagen; b) 360 RM. für Gewerbesteuerumlagen; c) 100 RM. für Grundsteuerumlagen, zusammen 540 RM.

Wegen mangelnder Barmittel konnte Frieda Grün auch innerhalb der Schonfrist nicht zahlen. Auf ein Stundungsgesuch erhielt sie keine Antwort. Vielmehr erschien am 30. Juli 1925 der städtische Vollstreckungsbeamte mit einem vom Stadtrat Blauberg für vollstreckbar erklärten, mit dem Gemeindesiegel versehenen Ausstandsverzeichnis mit 540 RM. rückständiger Umlagenvorauszahlung, händigte das Verzeichnis der Frieda Grün aus und pfändete, da die Tageskasse infolge Lohnzahlung an die Arbeiter keinen Barbetrag aufwies, zur Beitreibung der rückständigen Grundsteuer von 100 RM. einen Geldbetrag von 105 RM., den soeben der Postanweisungsbriefträger der Frieda Grün in Gegenwart des Vollstreckungsbeamten auszahlte; es war ein Teilbetrag der erwähnten Warenforderungen von 500 RM.

Als dieses Pfändungsergebnis beim Stadtrat Blauberg bekannt wurde, beschloß er mit Rücksicht darauf, daß Frieda Grün Außenstände zu verkaufen versuchte, am 5. August 1925:

1. Behufs Abdeckung der Rückstände der Frieda Grün an Umlagenvorauszahlungen zur Haus- und Gewerbesteuer wird zur Sicherung der künftigen Zwangsvollstreckung das gesamte Vermögen der Frieda Grün mit Beschlag belegt und zwar werden die ihr gegen den Farbwarenhändler Grau in Blauberg zustehende erwähnte Warenlieferungsforderung von 120 RM. zu Gunsten der Stadtgemeinde Blauberg gepfändet und dieser zur Einziehung überwiesen, ebenso der erwähnte Ersatzbetrag von 70 RM. (Vergütung der Landgemeinde Stein).
2. Der Stadtrat übt sein Zurückbehaltungsrecht aus an den 100 RM. zuviel erhobenen Pflasterzolls, da Frieda Grün ihre Umlagen vorausleisten müsse, ferner an der Restforderung von 80 RM. für Farbenlieferung, endlich an einem weiteren Betrag von 25 RM. Umlagenvergütung, den die Stadtgemeinde Blauberg unbestrittenermaßen als für das Rechnungsjahr 1923/24 zuviel erhoben an Frieda Grün zu erstatten hat.

Die Anordnungen unter 1 und 2 wurden ordnungsgemäß allen Beteiligten zugestellt.

Gegen diese Maßnahmen erhob Frieda Grün Widerspruch zur vorgesetzten Regierung, Kammer des Innern mit dem Ersuchen um verwaltungsrechtliche Entscheidung und beantragte, die Vermögensbeschlagnahme, Geld- und Forderungspfändungen nebst Einziehungsverfügungen des Stadtrats Blauberg sowie dessen Zurückbehaltungsanordnungen wegen Gesetzwidrigkeit aufzuheben. Sie bestreite auch die Umlagenforderung mit Rücksicht auf das von der Regierung unbeanstandet gebliebene, also rechtskräftige Umlagenübereinkommen vom 5. November 1924 der Höhe nach. Sie müsse danach nur 70 v. H. aller Umlagenarten an Vorauszahlungen entrichten.

Der Stadtrat Blauberg beantragte die Aufrechterhaltung

seiner Vollstreckungs- und Sicherungsanordnungen und begehrte die Verurteilung der Frieda Grün zum Betrage von 540 — (105 + 100 + 80 + 25) = 230 RM. Das Umlagenabkommen gelte vorerst nicht, da ja die Stadt Blauberg bisher noch lange nicht zu 70 v. H. ihrer Umlagenforderung befriedigt sei.

Frieda Grün beantragte weiter, die Stadt Blauberg zum Ersatz des Schadens zu verurteilen, den sie durch die gerügten ungesetzlichen Rechtshandlungen des Stadtrates erlitten habe. Sie habe nämlich zur Entlohnung ihrer Arbeiter den gepfändeten Betrag von 105 RM. sowie die zur Zahlung fälligen zurückbehaltenen Gelder notwendig gebraucht und sich infolgedessen die Mittel hierzu anderwärts beschaffen müssen, wodurch ihr nachweislich und unter den Parteien unbestritten ein Schaden von 150 RM. erwachsen sei, den sie vorsorglich gegen die Umlagenforderungen der Stadt Blauberg aufrechne.

Der Regierungssenat erließ am 10. September 1925 nach öffentlicher mündlicher Verhandlung und ausreichender Gewährung rechtlichen Gehörs an die Streitsteile im ersten Rechtszug Entscheidung dahin, daß er seine Zuständigkeit zur Beurteilung des gesamten Streitstoffes, den er als eine einzige zusammenhängende Verwaltungsrechtssache bezeichnete, annahm und die Umlagenforderungen der Stadtgemeinde Blauberg dem Grunde nach als gerechtfertigt erklärte. Bei der Zweifelhaftigkeit der Zulässigkeit von Umlagenvereinbarungeu müsse der Stadtgemeinde der ganze gesetzliche Umlagenbetrag ungekürzt zugesprochen werden. Auch wenn gegen die Höhe der Steueransätze Bedenken bestünden, so sei die Stadt noch lange nicht mit dem ihr zustehenden Umlagenbetrag zum Zuge gekommen. Daher seien auch die von Frieda Grün beanstandete Geldpfändung sowie die sonstigen Sicherungsmaßnahmen begründet. Die Verwaltungsgerichte seien zur Beurteilung dieser Verfügungen jedenfalls zuständig, soweit öffentlichrechtliche Leistungen wie der Pflasterzollersatzbetrag zu pfänden seien. Ausnahmsweise dürften sie aber wegen des Sachzusammenhanges auch unbestrittene, jedoch zugunsten öffentlichrechtlicher Abgaben zurückbehaltene oder aufgerechnete Privatforderungen nach dieser Richtung würdigen. Frieda Grün sei daher verpflichtet, 230 RM. an die Stadt Blauberg zu entrichten. Die zur Sicherung der Zwangsvollstreckung vorgenommenen Pfändungen und Überweisungen seien zu bestätigen. Die Kosten des Rechtsstreites habe Frieda Grün zu tragen nebst einer Staatsgebühr von 40 RM.

Gegen diesen den Parteien ordnungsgemäß zugestellten Bescheid erhob Frieda Grün rechtzeitig und rechtsförmlich entsprechend der im Senatsbescheid enthaltenen Beschwerdebelehrung Beschwerde zum Verwaltungsgerichtshof mit dem Antrage, den Regierungssenatsbescheid außer Wirksamkeit zu setzen, die Geldpfändung von 105 *M* sowie die sonstigen von ihr bereits angefochtenen Maßnahmen des Stadtrats Blauberg aufzuheben, außerdem ihr den bereits geltend gemachten Schaden zu ersetzen. Sollte sich aber der Verwaltungsgerichtshof wider Erwarten nicht für zuständig erachten, so gelte diese Beschwerde gleichzeitig an die hiernach zuständige Behörde gerichtet.

Der Stadtrat Blauberg focht beschlußmäßig unter Zustellung dieses Beschlusses an Frieda Grün das erwähnte Umlagenübereinkommen wegen Irrtums über die tatsächlichen Voraussetzungen der Umlagenermäßigung an und beantragte die kostenfällige Verwerfung der Beschwerde.

In der mündlichen Verhandlung vor dem Verwaltungsgerichtshof erschien lediglich der Rechtsbeistand der Frieda Grün. Er machte insbesondere geltend, es sei unerhört, wie der Stadtrat Blauberg in die Zuständigkeiten der ordentlichen Gerichte eingegriffen habe. Namentlich gelte dies für die Sicherungsbeschlagnahmen am Vermögen und an den Einzelforderungen der Frieda Grün. Wenn die Verwaltungsbehörden hierzu überhaupt zuständig wären, so sei höchstens die Kreisregierung zu dieser Anordnung befugt gewesen. Sachlich sei zu bemerken, daß Zurückbehaltungs- und Aufrechnungsstreitigkeiten überhaupt den ordentlichen Gerichten zur Beurteilung vorbehalten seien. Es bedeute im heutigen Rechtsstaate zweierlei Maß, wenn der Stadt die Zurückbehaltung zuerkannt würde, die dem Untertanen durch die Rechtsprechung gegenüber Steuern immer versagt werde. Die Berechnung der Umlagenvorauszahlungen finde er bedenklich. Die Anfechtung des Umlagenabkommens sei übrigens schon verspätet, müßte auch vor den ordentlichen Gerichten geltend gemacht werden. Mindestens aber müßte die Stadt Blauberg den sogenannten Vertrauensschaden (BGB. § 122) in der Höhe der Umlagenminderung von 30 v. H. zahlen.

Bemerkt wird, daß die tatsächlichen Angaben als feststehend zu betrachten sind. Eine Vereinbarung mit dem zuständigen Finanzamt wegen Einhebung und Beitreibung der Umlagen hat die Stadt Blauberg nicht abgeschlossen.

Aufgabe: Wie haben die zuständigen Stellen zu entscheiden? Der Entwurf einer förmlichen Entscheidung selbst ist erlassen. Das gesamte rechtliche Vorbringen ist zu würdigen unter Angabe der in Betracht kommenden gesetzlichen Vorschriften.

---

5. Aufgabe.

(Arbeitsfrist 5 Stunden.)

Die Marktgemeinde Großstein und die Gemeinde Höfen, beide Bezirksamts Falkenstein, haben in den Jahren 1908 und 1909 auf Grund rechtsgiltigen Beschlusses des Magistrats Großstein unter Zustimmung des Kollegiums der Gemeindebevollmächtigten sowie auf Grund Beschlusses des Gemeindeausschusses Höfen unter Zustimmung der Gemeindeversammlung die Tobelbrücke mit einem Gesamtkostenaufwand von 220,000 *M* erbaut, wozu sie beträchtliche Zuschüsse aus Staats-, Kreis- und Distriktsmitteln erhielten. Die Brücke liegt in den Bezirken beider Gemeinden und bildet einen Teil des Gemeindeverbindungsweges von Großstein nach Höfen. Bereits im Jahre 1913 wurde vom Bezirksamte Falkenstein der Plan einer Distriksstraße Aberg—Großstein—Höfen—Großzell betrieben. Die Angelegenheit wurde aber vom Distrikte Falkenstein mit Rücksicht auf die Belastung mit anderen Straßenbauten zurückgestellt. Gegen diese zeitweilige Zurückstellung hat die vorgesetzte Regierung, Kammer des Innern, bei Bescheidung der Distriktsratsverhandlungen für 1913 eine Erinnerung nicht erhoben. Die Angelegenheit erlitt dann durch den Krieg eine erneute Verzögerung. Die Gemeinden Großstein und Höfen ließen inzwischen im Anschlusse an die fertige Brücke ein baureifes Projekt des Straßenbaues Großstein—Höfen auf ihre Kosten ausarbeiten. Am 6. Januar 1920 beschloß der Bezirksausschuß Falkenstein den Straßenbau unter gewissen Voraussetzungen auszuführen, behielt sich aber endgiltigen Beschluß über den Baubeginn und über die Übernahme der Straße als Bezirksstraße vor. Den Gemeinden, durch deren Gebiet die Straße führen würde, sollten als Vorausleistung die Kosten der Grundabtretung überwiesen werden. Weiter heißt es in diesem Beschlusse: „Da die Tobelbrücke vom Bezirk übernommen werden soll, werden den Gemeinden Großstein und Höfen zu gleichen Teilen die Kosten der jeweiligen Untersuchung und des Neuanstrichs der Brücke auferlegt."

Am 22. Januar 1920 beschloß der Bezirkstag Falkenstein diesem Ausschußbeschlusse unter folgender Abänderung zuzustimmen: „Die Vorausleistung der Gemeinden Großstein und Höfen, zu gleichen Teilen die Kosten der jeweiligen Untersuchung und des neuen Anstrichs der Brücke zu tragen, endet mit Ablauf des Jahres 1946. Als weitere Vorausleistung haben die beiden Gemeinden je 5000 Mark an den Bezirk Falkenstein abzuführen."

Auf den Beschluß des Bezirkstages Falkenstein, welcher der Regierung, Kammer des Innern, zur Bestätigung vorgelegt wurde, erging Regierungsentschließung vom 4. Februar 1920, die besagt: „Gegen die Auferlegung von Vorausleistungen besteht keine Erinnerung. Die Auferlegung rechtfertigt sich durch die den beteiligten Gemeinden aus dem Straßenbaue zugehenden besonderen Vorteile".

Das Bezirksamt Falkenstein ließ Abdruck des Bezirkstagsbeschlusses und der Regierungsentschließung den Bezirkstagsmitgliedern und den Gemeinden des Bezirkes Falkenstein, letzteren laut Postzustellungsurkunden am 14. Februar 1920, zustellen. Bereits am 12. Februar 1920 war beim Bezirksamte Falkenstein ein gemeinsames Schriftstück der Bürgermeister von Großstein und Höfen vom 5. Februar 1920 eingelaufen mit dem Inhalte, daß die Gemeinden Großstein und Höfen gegen den Bezirkstagsbeschluß vom 22. Januar 1920 „Widerspruch erheben.“ Ferner wurde vollständige Aufhebung der Vorausleistung begehrt und beantragt, daß der Bezirk mit Eröffnung der zu erbauenden Bezirksstraße und Übernahme der Tobelbrücke die auf der Brücke noch lastende Baurestschuld in Höhe von 220,000 ℳ übernehme. Dieses Schriftstück wurde durch gleichlautende Beschlüsse der Gemeinderäte Großstein und Höfen vom 28. Februar 1920 genehmigt, die am 4. März 1924 dem Bezirksamte Falkenstein vorgelegt und von diesem sammt dem Schreiben vom 5. Februar 1920 dem Bezirkstag zur Stellungnahme überwiesen wurden.

Der Bezirkstag Falkenstein beschloß hierauf auf Grund Vorberatung durch den Bezirksausschuß am 24. März 1920, der Bau der fraglichen Straße solle noch in diesem Jahre begonnen werden. Mit überwältigender Mehrheit wurde ferner der Antrag angenommen, den Gemeinden Großstein und Höfen eine Vorausleistung von je 5000 ℳ für die Übernahme der Brücke durch den Bezirk aufzuerlegen. Ob und wieweit dieser Beschluß den Gemeinden Großstein und Höfen zugestellt worden ist, ist aus den Verhandlungen nicht zu ersehen.

Der Straßenbau wurde in den Jahren 1920 mit 1924 fertiggestellt.

Am 11. Juli 1924 faßte der Bezirkstag Falkenstein folgenden vom Bezirksausschuß vorgeschlagenen Beschluß mit 16 gegen 6 Stimmen: „Die Tobelbrücke wird nach Maßgabe des Bezirkstagsbeschlusses vom 24. März 1920 übernommen. Es muß aber darauf bestanden werden, daß die Gemeinden Großstein und Höfen alle dort erwähnten Kosten, sowie die Kosten der fachtechnischen Untersuchung der Brücke auf ihren baulichen Zustand tragen.“

Gegen diesen Beschluß erhoben die Gemeinderäte Großstein und Höfen mit Beschlüssen vom 24. Juli und 3. August 1924 „Einspruch“. Beide Gemeinden machten geltend, daß der Sinn des Bezirkstagsbeschlusses vom 24. März 1920 der gewesen sei, daß die Gemeinden je 5000 Goldmark Zuschuß für die Kosten des Anstrichs und der Untersuchung der Brücke leisten, damit aber jeder weiteren Verbindlichkeit enthoben seien und daß der Bezirk die Brücke ab 24. März 1920 mit allen entstehenden Lasten übernehme. Die Vorausleistung sei aber durch die Bestimmung des Vollzugsgesetzes zum Landessteuergesetz in Wegfall gekommen; die im Beschluß vom 11. Juli 1924 enthaltene Bezugnahme auf den Beschluß vom 24. März 1920 könne die untergegangenen Vorausleistungen nicht wieder ins Leben rufen. Der Betrag von 5000 ℳ sei zudem ein Papiermarkbetrag gewesen und könne nicht nachgezahlt werden.

Das Bezirksamt legte die Verhandlungen der Regierung, Kammer des Innern, am 10. Aug. 1924 zur Entscheidung vor.

Die Entscheidung der Regierung ist unter rechtlicher Würdigung sämtlicher geltend gemachter Gesichtspunkte zu entwerfen.

Als Tatbestand gilt die Aufgabe. Die rechtliche Gültigkeit etwa in Betracht kommender Bestimmungen des bayer. Vollz.-Ges. z. Finanzausgleichges. ist als feststehend anzunehmen.

---

6. Aufgabe.

(Arbeitsfrist 5 Stunden.)

Der Gemeinderat der Gemeinde Wald, B.-A. Oberviechtach, hat unterm 10. Oktober 1924 wegen Vergebung der Gemeindejagd Wald folgenden Beschluß gefaßt:

„Wegen Ablauf der bestehenden Jagdpachtverträge zum 31. Dezember 1924 wird die Gemeindejagd Wald, bestehend aus den drei Jagdbogen

1. Schiederhof zu 1200 Tgw.,
2. Höhenberg zu 1500 Tgw.,
3. Hub zu 800 Tgw.,

beginnend vom 1. Januar 1925 auf weitere 6 Jahre öffentlich versteigert. Der Gemeinderat behält sich die Erteilung des Zuschlags vor.“

Die Versteigerung wurde vorschriftsmäßig und rechtzeitig öffentlich bekannt gegeben mit dem Zusatz, daß der Gemeinderat sich den Zuschlag vorbehält.

In dem Versteigerungstermin am 30. Oktober 1924 im Gasthof „zur Post“ in Wald, zu dem sich zahlreiche Jagdliebhaber eingefunden hatten, wurden vom 1. Bürgermeister die Jagdpachtbedingungen, darunter auch die Bestimmung, daß der Gemeinderat sich den Zuschlag vorbehält, durch Verlesen öffentlich bekannt gegeben und sodann die drei Jagdbogen der Reihe nach öffentlich versteigert.

Bei Jagdbogen I, der mit 500 R.M. aufgeworfen wurde, blieb Meistbietender Gutsbesitzer Holzer in Bruck, B.-A. Oberviechtach mit 540 R.M.

Bei Jagdbogen II, der mit 600 R.M. zum Aufwurf kam, wurden folgende Gebote abgegeben:

1. von Forstverwalter Eger in Brunn 650 R.M.,
2. vom Bauern Johann Hartl in Jägerhof, Gemeinde Wald 670 R.M.

Bei Jagdbogen III, der mit 350 R.M. aufgeworfen wurde, wurden folgende Gebote abgegeben:

1. Vom Fabrikbesitzer Ferdinand Weiß in Oberviechtach 380 R.M.,
2. von Mühlbesitzer Johann Müller in Schönlind, Tschechoslowakei 400 R.M.

Die Versteigerungsverhandlung wurde sodann vom Bürgermeister geschlossen.

In der Gemeinderatssitzung vom 10. November 1924 gab der Bürgermeister ein am 9. November eingegangenes Schreiben des bisherigen, bei der öffentlichen Versteigerung nicht anwesend gewesenen Pächters des Jagdbogens I, des Gastwirts Josef Ettl von Wald bekannt, wonach sich dieser unter Anerkennung der Versteigerungsbedingungen zur Zahlung eines jährlichen Pachtschillings von 550 R.M. bereit erklärte, und um weitere Überlassung dieses Jagdbogens bat. Der Gemeinderat faßte hierauf am 10. Nov. 1924 folgenden Beschluß:

> „Jagdbogen I wird zum jährlichen Pachtpreis von 570 R.M. dem bisherigen Jagdpächter Josef Ettl in Wald im Vertragswege auf 6 Jahre überlassen. Sollte ihm um diesen Preis die Jagd zu teuer sein, so wird die Jagd dem Gutsbesitzer Holzer in Bruck um 540 R.M. zugeschlagen.

Jagdbogen II wird dem Forstverwalter Eger in Brunn, der bei Zuweisung von Streu und Brennholz aus dem Staatswalde die Ortsangehörigen jederzeit berücksichtigt hat, um 650 R.M. zugeschlagen.

Jagdbogen III wird dem Mühlbesitzer Johann Müller in Schönlind, einer an die Gemeinde Wald angrenzenden Gemeinde der Tschechoslowakei, der schon in den letzten 12 Jahren Pächter dieses Jagdbogens war, zugeschlagen."

Gastwirt Ettl erklärte mit Schreiben vom 11. November 1924 an den Gemeinderat Wald, daß er mit einem Pachtschilling von 570 R.M. einverstanden sei. Daraufhin wurden die drei Jagdpachtverträge vom Gemeinderat ausgefertigt und von den Pächtern und vom Bürgermeister unterzeichnet. Gutsbesitzer Holzer in Bruck erhielt unterm 12. November 1924 vom Gemeinderat Wald eine Mitteilung folgenden Inhalts: „Jagdbogen I wurde an den bisherigen Pächter, Gastwirt Josef Ettl in Wald im Vertragswege um 570 R.M. verpachtet."

Die Jagdpachtverhandlungen wurden vom Gemeinderat unterm 15. November dem Bezirksamt Oberviechtach vorgelegt. Sie enthielten auch ein Schreiben der Regierungsforstkammer der Oberpfalz an das Forstamt Oberviechtach, wonach gegen die Pachtung des Jagdbogens II der Gemeindejagd Wald durch Forstverwalter Eger dienstaufsichtlich keine Erinnerung bestehe.

Unterm 25. November 1924 lief beim Bezirksamt eine vom Vorsitzenden des Kreisverbandes oberpfälzischer Jagdschutzvereine in Regensburg unterzeichnete Eingabe ein, mit folgendem Inhalt:

„Wir möchten das Bezirksamt ersuchen, die Verpachtung des Jagdbogens III der Gemeindejagd Wald an Mühlbesitzer Johann Müller in Schönlind nicht zu genehmigen. Der Genannte ist zwar nach unseren Erkundigungen deutschstämmig und deutschfreundlich gesinnt, besitzt aber die tschechoslawakische Staatsangehörigkeit. Wir ersuchen im Interesse der heimischen Jägerwelt, der es immer schwerer fällt, geeignete Jagden um einen erschwinglichen Preis zu erstehen, derartige Jagdvergebungen an Ausländer, soferne das Gesetz hiezu eine ausreichende Handhabe bietet, zu verhindern.

Auch möchten wir darauf hinweisen, daß die Jagdpachtschillinge bei den 3 Jagdbogen im Vergleich zu den Preisen, die vor dem Kriege von den Pächtern bezahlt wurden, viel zu hoch erscheinen. Dies gilt umsomehr, als der Wildstand in der Gemeindejagd in den letzten Jahren, namentlich seit dem schneereichen Winter 1923/24 so stark zurückgegangen ist, daß eine pflegliche und waidmännische Behandlung der Jagd unmöglich ist, wenn die Pächter nur annähernd auf ihre Rechnung kommen wollen. Wir sind der Auffassung, daß ein Vertrag, der so hohe Pachtpreise festsetzt, die Pächter geradezu anreizt, um nicht zu sagen, zwingt, die Jagden, soweit nur möglich auszunützen. Ein Pachtpreis aber, der zu einer derartigen, dem § 1 der VO. vom 6. Juni 1909 die Ausübung und Behandlung der Jagd betr. widersprechenden Jagdausübung anreizt, ist unseres Erachtens gesetzwidrig und ein Vertrag, der ihn festsetzt, nach § 138 Abs. I BGB. nichtig, weil er gegen die guten Sitten, gegen die Anschauungen ehrbarer Jägerkreise und gegen das öffentliche Interesse, wie es die Allgemeinheit an der Erhaltung der Wildstände und an der Verhinderung ihrer Auslieferung an Raubwirtschaft hat, verstößt".

Das Bezirksamt stellte zu den Verhandlungen folgendes fest:

In der letzten zwölfjährigen Pachtperiode wurde Jagdbogen I um 150 RM., Jagdbogen II um 170 RM., und Jagdbogen III um 120 RM. im Vertragswege vergeben. Gastwirt Joseph Ettl ist im Jahre 1924 zweimal wegen Polizeistundeübertretung zur Geldstrafe von je 20 RM. oder 4 Tage Haft, einmal wegen Jagdausübung zur Schonzeit und einmal wegen Jagdausübung vor Lösung einer Jagdkarte zur Geldstrafe von je 15 RM. oder 3 Tagen Haft verurteilt worden. Der vom Bezirksamt erholte Strafregisterauszug enthält keinen Eintrag wegen einer Bestrafung wegen Wilderns, dagegen befindet sich in dem bezirksamtlichen Akt „über Vergebung der Gemeindejagd Wald" ein älterer Strafregisterauszug, wonach Ettl wegen eines Vergehens nach § 292,

293 RStGB. zu einer Woche Gefängnis am 1. Juli 1914 verurteilt worden ist. Sämtliche übrige Beteiligte sind nicht bestraft.

Sämtliche Beteiligte sind im Besitze einer Jagdkarte für das Kalenderjahr 1924, während das Gesuch des Mühlbesitzers Johann Müller um Erneuerung seiner für das Kalenderjahr 1923 ihm vom Bezirksamt ausgestellten Jagdkarte für das Kalenderjahr 1924 vom Bezirksamte noch nicht verbeschieden ist. Müller besitzt die tschechoslovakische Staatsangehörigkeit.

Das Forstamt Oberviechtach äußerte sich zu den Jagdpachtverhandlungen folgendermaßen:

„Die drei Jagdbogen bestehen je teils aus Feld-, teils aus Waldjagd. Das Standwild, namentlich an Rehen, ist infolge starken Abschusses und infolge des strengen Winters 1923/24 stark zurückgegangen. Es kann mit Bestimmtheit gesagt werden, daß jedenfalls in den ersten Jahren der Pachtzeit auf einen dem Pachtpreis auch nur annähernd gleichkommenden Wildertrag bei keinem der drei Jagdbogen gerechnet werden kann, wenn die Jagd pfleglich und waidmännisch behandelt wird. Auch bei schonender Behandlung der Jagden in den ersten Pachtjahren ist für die letzten Pachtjahre kein Wildertrag zu erwarten, der den Pachtpreis erreichen würde."

Die bezirksamtliche Entscheidung ist zu entwerfen, wobei das gesamte Vorbringen zu würdigen ist. Soweit Ermessensfragen hereinspielen, ist der gesetzlich zulässige strengste Maßstab anzulegen. Die Gemeinderatsbeschlüsse vom 10. Oktober und 10. November 1924 sind formell in Ordnung.

---

7. Aufgabe.

(Arbeitsfrist 5 Stunden.)

I.

Die Brüder Paul und Hermann Luber sind die Inhaber der offenen Handelsgesellschaft H. Luber & Sohn in München.

Sie sind beide zu gleichen Teilen an der Gesellschaft beteiligt. Zum Gesellschaftsvermögen gehört das Haus Nr. 1 an der Odinstraße in München. Das Haus ist aber auf die beiden Brüder Paul und Hermann Luber im Grundbuch als Miteigentümer zu Bruchteilen eingetragen. Am 1. Oktober 1924 vereinbarten die Brüder Paul und Hermann Luber mit Andreas und Gottfried Luber, den Söhnen des Paul Luber, zu notarieller Urkunde, daß das Haus im Grundbuch auf die offene Handelsgesellschaft förmlich umgeschrieben werden soll, ferner daß Andreas und Gottfried Luber in die offene Handelsgesellschaft eintreten und je 4000 ℳ in die Gesellschaft einlegen; das Beteiligungsverhältnis der Gesellschafter wurde dahin bestimmt, daß Paul und Hermann Luber zu je $^3/_8$, Andreas und Gottfried Luber zu je $^1/_8$ berechtigt sein sollen. Das Haus Nr. 1 an der Odinstraße ist 40000 ℳ wert. Es ist mit 10000 ℳ Hypothek belastet, überdies ist auf dem Anteile des Hermann Luber für Paul Luber eine Hypothek von 2000 ℳ eingetragen. In dem Vertrage vom 1. Oktober 1924 wurde vereinbart, daß Paul Luber zugunsten der Gesellschaft auf diese Hypothek verzichtete, was er auch in der Urkunde tat. Im Grundbuch wurde die Urkunde entsprechend den in ihr enthaltenen Erklärungen der Beteiligten vollzogen.

Welche Grunderwerbsteuer und welcher Staatsstempel ist geschuldet? Von wem?

II.

Am 2. Juni 1925 verstarb in München der Rentner Johann Huber. Er war früher Seefahrer gewesen und hatte erst vor wenigen Monaten in München seinen Aufenthalt genommen. Bei der polizeilichen Anmeldung hatte er sich als ledig bezeichnet.

Das Amtsgericht München als Nachlaßgericht ordnete die Sicherung des Nachlasses an und beauftragte zu diesem Zwecke den Gerichtsschreiber mit der Verzeichnung des Nachlasses und der Hinterlegung von Geld oder Wertpapieren, die sich im Nachlasse vorfinden würden. Die Verzeichnung und Hinterlegung erfolgten.

Im Nachlasse fand sich ein Testament folgenden Inhalts vor:

Mein Testament.

Ich bestimme, daß die Frau Maria meines Hausherrn Ignaz Maier mein Erbe wird. Nach ihrem Tode geht mein Nachlaß auf die Kinder über, welche Frau Maier nach meinem Tode erhalten wird.

München, 1. April 1925.

Johann Huber.

Das Nachlaßgericht eröffnete das Testament und versuchte zu ermitteln, wer die gesetzlichen Erben des Johann Huber sind. Die Ermittelungen hatten keinen Erfolg. Das Nachlaßgericht erteilte deshalb am 1. August 1925 der Maria Maier auf Antrag Erbschein nach Maßgabe des Testaments und händigte ihr das hinterlegte Geld und die hinterlegten Wertpapiere aus.

Das Amtsgericht München als Vormundschaftsgericht ordnete für die unbekannten Nacherben Pflegschaft an.

Am 29. September 1925 setzte das Nachlaßgericht der Maria Maier auf Antrag des Sebastian Flohr, der glaubhaft machte, daß er dem Johann Huber ein in 5 Jahresraten zu je 200 ℳ, beginnend vom 1. Januar 1926 rückzahlbares Darlehen von 1000 ℳ gegeben habe, zur Errichtung des Nachlaßinventars Frist bis zum 31. Oktober 1925.

Am 3. Oktober 1925 meldete sich beim Amtsgerichte München eine Frau, die sich als die Witwe Berta des Johann Huber ausgab. Sie erklärte, als ihr das Testament gezeigt wurde, daß dieses nicht von ihrem verstorbenen Manne geschrieben sein könne. Die vom Nachlaßgericht angestellten Nachforschungen ergaben, daß die Frau in der Tat die Witwe des Johann Huber ist, daß dieser leibliche Verwandte nicht besaß und daß das Testament nicht von Johann Huber herrührte. Frau Maria Maier erkannte dies an. Das Amtsgericht zog den ihr erteilten Erbschein am 25. Oktober 1925 ein, erteilte zugleich der Berta Huber Erbschein, daß sie auf Grund des Gesetzes

Alleinerbe des Johann Huber sei, und hob die Pflegschaft für die Nacherben auf.

Auf Antrag des Sebastian Flohr nahm es die der Maria Maier gesetzte Inventarfrist zurück.

Welche Gebühren und in welcher Höhe sind geschuldet?

Wer haftet für dieselben?

Das vom Gerichtsschreiber aufgenommene Nachlaßverzeichnis weist an Aktiven 8000 ℳ und an Passiven 6000 ℳ aus. Hinterlegt wurden 500 ℳ Bargeld und 2000 ℳ an Wertpapieren; Kurs- und Nennwert derselben deckte sich. Der Reinrücklaß ist mit 2000 ℳ anzunehmen.

---

8. Aufgabe.

(Arbeitsfrist 5 Stunden.)

Der Bauer Josef Kofler in Achdorf, Gemeinde Beberg, hatte im Sommer 1924 die dieser Gemeinde gehörige, auf dem ausmärkischen Roßberg gelegene und 4 Stunden entfernte Ochsenalm gepachtet und mit seinem von ihm selbst aufgezogenen Vieh, das unter die Aufsicht seines 24jährigen Sohnes Georg Kofler gestellt war, bezogen. Die vorangeführten Örtlichkeiten liegen im Bezirke des Bezirksamts Felden.

Am 2. September 1924 mittags bemerkte Georg Kofler, daß sich eine Kalbin von dem übrigen Vieh absonderte, nicht fraß, herumhinkte und sich dann in der Nähe der Almhütte niederlegte. Bei näherer Besichtigung nahm er wahr, daß sie nicht wiederkäute, an Mattigkeit litt und eine kleine Geschwulst am Schulterblatt hatte. Nachmittags 5 Uhr traf er die Kalbin in schweren Krämpfen an und tötete sie, um den Todeskampf abzukürzen. Beim Nachhausekommen des ihm zugeteilten 18jährigen Hütbuben um 6 Uhr abends besprach er den Vorfall mit ihm. Dieser, der schon im Vorjahre Rauschbrandfälle auf der Ochsenalm miterlebt hatte, äußerte sofort Verdacht auf Rauschbrand. Georg Kofler schickte ihn daher am anderen Morgen zu seinem Vater nach Achdorf, um ihm den Vorfall zu melden. Der Hütbube traf dort um 10 Uhr vormittags den Bauern Josef Kofler und verständigte ihn von den Krankheitserscheinungen und der Tötung der Kalbin. Josef Kofler schickte den Buben zu dem in dem 3/4 Stunden von Achdorf entfernten Beberg wohnenden praktischen Tierarzte Dr. Müller mit dem Ersuchen, das getötete Tier zu besichtigen und gegebenen Falles Anzeige an die Ortspolizeibehörde in Beberg zu erstatten. Der Hütbube traf den Tierarzt Dr. Müller selbst zwar nicht an, da dieser schon am frühen Morgen fortgegangen war, seine Frau jedoch sicherte die weitere Veranlassung zu. Dr. Müller war inzwischen auf seinem Dienstgang um 12 Uhr mittags auch auf die Ochsenalm gekommen, besichtigte den Kadaver der Kalbin und stellte sofort Rauschbrand fest. Er empfahl dem Georg Kofler die umgehende Anzeige an die Ortspolizeibehörde in Beberg; er selbst werde das Bezirksamt benachrichtigen. Dr. Müller stieg nach Felden ab, woselbst er um 4 Uhr nachmittags eintraf und den Bezirkstierarzt Meier von dem Rauschbrandfalle verständigte. Dieser setzte sich um 5^{45} Uhr nachmittags mit dem Bezirksamt Felden wegen der erforderlichen Maßnahmen ins Benehmen. Dieses verhängte unter anderem über die Ochsenalm die Sperre auf 14 Tage und wies bei der nach Formblatt getroffenen Anordnung auf die gesetzliche Verpflichtung zur Anzeige an die Ortspolizeibehörde bei Seuchenausbruch hin. Da eine telephonische Verbindung mit Beberg an diesem Tage nicht mehr möglich war, verständigte das Bezirksamt den Bürgermeister dortselbst am nächsten Morgen von den angeordneten Maßnahmen und veranlaßte die Abordnung der Schätzleute zu der auf den 4. September 1924 nachmittags anberaumten Zerlegung und Abschätzung der Kalbin. Der am 3. dess. Mts. spät abends nach Beberg zurückgekehrte Dr. Müller erstattete am nächsten Tage in der Frühe dem Ersuchen des Josef Kofler entsprechend Anzeige an die Ortspolizeibehörde Beberg. Der Bezirkstierarzt Meier stellte bei der Zerlegung der Kalbin ebenfalls Rauschbrand fest und traf die erforderlichen Maßnahmen zur Unschädlichmachung des Kadavers. Der Wert der bei einer Privatversicherung mit 150 GM. versicherten Kalbin wurde von der Schätzungskommission einstimmig auf 200 GM. geschätzt.

Am 7. September 1924 nachmittags zeigte auf der Ochsenalm ein Jungstier gleiche Krankheitserscheinungen wie die getötete Kalbin und verendete noch am Abend. Georg Kofler ließ wiederum seinen Vater am anderen Morgen hiervon verständigen, der den Boten abermals an Dr. Müller in Beberg mit dem Ersuchen um weitere Veranlassung schickte. Dieser telephonierte sofort an den Bezirkstierarzt Meier in Feldheim, der eine weitere Anzeige an das Bezirksamt nicht für veranlaßt hielt und den Dr. Müller nebst den Schätzleuten zur Zerlegung des Jungstiers am nächsten Tage auf die Ochsenalm bestellte. Im Drange der Geschäfte vergaß Dr. Müller die Anzeige an die Ortspolizeibehörde in Beberg. Bei der Zerlegung des Jungstiers am 9. September 1924 stellten die beiden Tierärzte wieder Rauschbrand fest. Der Wert des in der gleichen Privatversicherung mit 200 G.M. versicherten Jungstiers wurde einstimmig auf 250 G.M. geschätzt.

Am 13. dess. Mts. kontrollierte der Bezirkstierarzt Meier in Begleitung des Dr. Müller die angeordneten Schutzmaßregeln auf der Ochsenalm und hatte hierbei nichts zu beanstanden. Es wurde ihnen dort von Georg Kofler der Kadaver einer Kuh gezeigt, die vor zwei Tagen gekälbert hatte und am 23. September früh morgens verendet war. Bei der sofort vorgenommenen Zerlegung stellten die beiden Tierärzte abermals Rauschbrand fest. Der Kadaver der Kuh wurde in gleicher Weise wie die beiden anderen Rinder samt der Haut verscharrt und mit Kalkmilch übergossen. Der Wert der bei der gleichen Privatversicherung mit 300 G.M versicherten Kuh wurde von der Schätzungskommission nachträglich einstimmig auf 400 G.M. geschätzt. Eine Anzeige wurde am gleichen Tage noch von Dr. Müller bei der Ortspolizeibehörde in Beberg erstattet.

Josef Kofler beanspruchte nunmehr die ihm gesetzlich zustehende Entschädigung aus der Staatskasse für sämtliche drei Rindviehstücke. Das Bezirksamt Felden legte die Verhandlungen der Regierung, Kammer des Innern, vor, nachdem vom Bezirkstierarzte noch Teile der fraglichen Tiere an die veterinärpolizeiliche Anstalt in Oberschleißheim eingeschickt worden waren und diese ihr Gutachten dahin abgegeben hatte, daß zwar bei der Kalbin und dem Jungstiere des Kofler Rauschbrandbazillen, aber bei seiner Kuh weder durch Mikroskopie noch durch Impfversuch noch durch das Kulturverfahren Rauschbrandbazillen, dagegen andere Erreger der Gasbrandgruppe und des Muskelgasbrandes festgestellt wurden.

Die Regierung, Kammer des Innern, erließ nach Anhörung des Landesfinanzamts folgende Entschließung an das Bezirksamt Felden:

„Der Anspruch des Bauern Josef Kofler auf Entschädigung aus der Staatskasse für die fraglichen drei Rinder nach Maßgabe des Reichsviehseuchengesetzes wird abgewiesen. Nach diesem Gesetze ist Voraussetzung für die Gewährung einer Entschädigung, daß die Anzeige an die Ortspolizeibehörde von den Rauschbrandfällen rechtzeitig erstattet wird. Im Falle der am 2. September 1924 getöteten Kalbin ist die Anzeige erst am 4. desselben Monats von Dr. Müller im Namen des Josef Kofler an die Ortspolizeibehörde Beberg gemacht worden, also verspätet. Außerdem durfte Georg Kofler bei den vorliegenden, den Verdacht des Rauschbrands aufzwingenden Krankheitserscheinungen die Kalbin nicht töten. Im Falle des Jungstiers ist eine Anzeige in Beberg überhaupt nicht erstattet worden. Bei der Kuh liegt nach dem Gutachten der veterinärpolizeilichen Anstalt in Oberschleißheim Rauschbrand überhaupt nicht vor, sondern sogen. Geburtsrauschbrand, der nicht entschädigungspflichtig ist."

X., den 25. September 1924.

Regierung, Kammer des Innern.

Diese Entschließung wurde durch das Bezirksamt Felden dem Josef Kofler am 1. Oktober 1924 in beglaubigter Abschrift ohne weiteres Begleitschreiben zugestellt. Mit Schreiben vom 14. desf. Mts. erhob dieser Beschwerde zum Verwaltungsgerichtshof mit nachstehender Begründung: Sein Sohn Georg habe keinerlei Kenntnis über die einschlägigen gesetzlichen Bestimmungen; auch habe er noch niemals Rauschbrandfälle mitgemacht. Er selbst habe am 3. September 1924 Mittags Kenntnis von den verdächtigen Krankheitserscheinungen erhalten und sofort den Dr. Müller hiervon verständigt mit dem Ersuchen, die Anzeige für ihn zu erstatten. Wenn dieser sie am 4. dess. Mts. in der Frühe dem Bürgermeister in Beberg gemacht habe, so sei sie noch innerhalb der vorgeschriebenen 24 Stunden geschehen. Übrigens habe ja auch das Bezirksamt bereits am 3. September Kenntnis von dem Seuchenfall durch den Bezirkstierarzt erhalten. Im Falle des Jungstiers habe er gleichfalls wieder sofort den Dr. Müller und dieser den Bezirkstierarzt verständigt. Das müsse doch genügen. Wenn Dr. Müller die Anzeige an die Ortspolizeibehörde vergessen habe, so treffe doch ihn selbst keine Schuld. Im Falle der Kuh sei von den beiden Tierärzten übereinstimmend Rauschbrand festgestellt worden. Das Gutachten der veterinärpolizeilichen Anstalt Oberschleißheim könne er nicht für richtig halten. Wenn man einen Unterschied zwischen Rauschbrand und Geburtsrauschbrand mache, so sei das nur eine Wortklauberei. Sollte ein solcher aber tatsächlich bestehen, so hätte der Bezirkstierarzt den Kadaver der Kuh nicht mitsamt der Haut vergraben lassen dürfen, sondern ihm zur weiteren Verwertung überlassen müssen. Durch die getroffenen Anordnungen sei ihm ein Schaden erwachsen, für den der Staat ersatzpflichtig sei und für den er Ersatz verlange. Überdies seien die sämtlichen 3 Rinder viel zu niedrig geschätzt worden, was schon aus seiner Privatversicherung hervorgehe, nach der er die Tiere zur Hälfte ihres Wertes habe versichern lassen. Die Kalbin sei mindestens 300 GM., der Jungstier 400 GM. und die Kuh 600 GM. wert gewesen.

Dieses Schriftstück gab Josef Kofler am 14. Oktober 1924 Mittags dem bei ihm auf einem Bestellgang vorbeikommenden Postboten zur Besorgung mit. Die Beschwerde kam am 16. dess. Mts. in den Einlauf der Regierung. Diese ließ dem Kofler zur Vermeidung von Kosten nahelegen, seine Beschwerde zurückzuziehen, da sie offensichtlich verspätet eingelegt und überdies hinsichtlich der Kalbin und des Jungstiers im Hinblick auf die Zuständigkeitsbestimmungen für den Verwaltungsgerichtshof unzulässig sei, da sich für diese beiden Tiere nur je eine Entschädigung von 40 GM. berechne.

Josef Kofler hielt seine Beschwerde aufrecht; er habe sie dem Postboten am 14. Oktober 1924 mitgegeben und damit rechnen können, daß sie bei ordnungsgemäßer Weiterleitung am nächsten Tage, also noch innerhalb der 14tägigen Beschwerdefrist bei der Regierung einlaufe. Wenn Störungen im Postbetrieb vorgekommen seien, so könne dies ihm nicht zur Last gelegt werden. Außerdem müßten die Entschädigungssummen für die 3 Rinder nicht einzeln betrachtet, sondern zusammengerechnet werden.

Die Regierung legte hierauf die Verhandlungen dem Verwaltungsgerichtshof vor. Dieser erholte noch ein Gutachten der veterinärpolizeilichen Abteilung des Obermedizinalausschusses und eine Äußerung der Oberpostdirektion. Die erstere hat dahin Beschluß gefaßt, daß zwar bei der Kalbin und dem Jungstier des Kofler, nicht aber bei seiner Kuh Rauschbrand als festgestellt gelten kann. Die Oberpostdirektion äußerte sich dahin, daß der Brief des Kofler bei regelmäßigem Postbetrieb am 15. Oktober 1924 bei der Regierung hätte einlaufen müssen. Wenn er dort erst am 16. dess. Mts. eingekommen sei, so läge ein Verschulden der Post vor, das nicht weiter aufgeklärt werden könne.

Unter Angabe der Gründe ist auszuführen, ob die Entschließung der Regierung, Kammer des Innern, zutreffend ist oder nicht und wie nunmehr der Verwaltungsgerichtshof zu entscheiden haben wird. Soweit etwa Gebühren in Frage kommen, wären die Mindestgebühren zu berücksichtigen.

---

9. Aufgabe.

(Arbeitsfrist 5 Stunden.)

I.

Der Goldschmiedmeister Amann in W., Bezirksamts W., beantragt beim Bezirksamte W. eine Entscheidung darüber, ob er verpflichtet sei, der Uhrmacherzwangsinnung W. als Zwangsmitglied anzugehören. Er bestreite nicht, daß er neben dem Goldschmiedehandwerk auch das Handwerk eines Uhrmachers betreibe, jedoch stehe seine Tätigkeit als Uhrmacher in keinem Verhältnisse zu seinem Hauptberufe als Goldschmied. Er sei Mitglied des Goldschmiedeverbandes A., e. V., der zwar keine Zwangsinnung sei, aber doch als freie Innung erachtet werden müsse. Da in der Gewerbeordnung bestimmt sei, daß ein Gewerbetreibender nur für das hauptsächlich von ihm betriebene Gewerbe zu einer Zwangsinnung herangezogen werden dürfe, müsse man ihn vom Innungszwange freilassen, weil für sein Hauptgewerbe eine Zwangsinnung nicht errichtet sei. Außerdem sei die vor Errichtung der Zwangsinnung für Uhrmacher in W erfolgte Abstimmung nicht einwandfrei vor sich gegangen. Es habe sich nur eine Mehrheit von einer Stimme ergeben. Mehrere Goldschmiede hätten sich der Stimme enthalten, weil sie es für ausgeschlossen hielten, daß man sie mit ihrer geringfügigen Uhrmacherei zu einer Zwangsinnung heranziehe. Wären sie richtig belehrt worden, hätten sie gegen die Innung gestimmt und ihre Errichtung verhindert.

Die Erhebungen ergaben die Richtigkeit der tatsächlichen Behauptungen des Amann.

Die Zwangsinnung für das Uhrmachergewerbe in W. ist mit Entschließung der Regierung in W. vom 1. Mai 1912 errichtet, die Satzungen sind am 1. Oktober 1912 genehmigt worden, ohne daß hiegegen Beschwerde eingelegt wurde. Die vorgeschriebenen Veröffentlichungen sind erfolgt. Die Satzungen decken sich hinsichtlich der Mitgliedschaft mit § 100 f. der Reichsgewerbeordnung und machen keinen Unterschied für den Fall der Nichthaltung von Lehrlingen. Eine Zwangsinnung für das Goldschmiedehandwerk in W. besteht nicht.

Aufgabe: Die beantragte Entscheidung ist zu entwerfen.

II.

Der Krämer Josef Huber in X. wurde durch Urteil des Landgerichts X. vom 1. Februar 1900 wegen Einbruchdiebstahls zu vier Jahren Gefängnis verurteilt. Nach Verbüßung der Strafe arbeitete er an verschiedenen Orten, heiratete 1910 und ließ sich in diesem Jahre wieder in X. nieder, wo er am 12. Oktober 1919 beim dortigen unmittelbaren Stadrat den Trödelhandel mit gebrauchten Weinflaschen, Lumpen und Knochen anmeldete. Im Jahre 1923 stellte die Polizei einwandfrei fest, daß Huber in 6 Fällen von schulpflichtigen Knaben gebrauchte Weinflaschen, welche diese eingestandenermaßen auf einem Lagerplatz gestohlen hatten, gekauft, diese Käufe aber nicht in sein Geschäftsbuch eingetragen hatte. Auf Anzeige erging am 6. Dezember 1923 gegen Huber ein Strafbefehl des Amtsgerichts X., welches wegen Hehlerei auf eine Geldstrafe von 300 Billionen Papiermark — für den Fall der Uneinbringlichkeit auf eine Freiheitsstrafe von 10 Tagen Gefängnis — erkannte. Einspruch wurde nicht erhoben. Die Strafe wurde infolge allgemeiner Amnestie erlassen.

Hierauf untersagte der Polizeisenat des Stadtrats X. mit Beschluß vom 15. Januar 1924 dem Josef Huber gemäß § 35 der Reichsgewerbeordnung den Weiterbetrieb des Trödelhandels, weil er im Hinblicke auf die ihm zur Last fallenden Straftaten die für diesen Gewerbebetrieb erforderliche Zuverlässigkeit nicht besitze. Huber hat gegen diesen Beschluß keine Beschwerde eingelegt.

Dagegen meldete seine Ehefrau Rosa Huber, welche unbescholten und noch nicht vorbestraft ist, am 20. März 1924 für sich den Trödelhandel mit gebrauchten Weinflaschen, Lumpen und Knochen an. Sie lebt nach wie vor in häuslicher Gemeinschaft mit Josef Huber und betreibt den Handel im gleichen, nächst der gemeinsamen Wohnung befindlichen Gewölbe wie zuvor Josef Huber. Das Geschäftsbuch wird von ihr geführt; ihr Ehemann ist angeblich mit dem Geschäft nicht befaßt; doch zieht er in der Stadt umher, um Flaschen, Lumpen und Knochen zu sammeln, die er angeblich wie andere Sammler und sonstige Kunden an seine Frau verkauft.

Nach Einvernahme der Rosa Huber, welche versicherte, den Betrieb ganz selbständig führen zu wollen, erließ der Polizeisenat mit Beschluß vom 7. Dezember 1924 gegen Rosa Huber das gleiche Verbot wie gegen ihren Ehemann mit der Begründung, daß die Übernahme des Geschäfts durch die Ehefrau nur ein Scheinmanöver sei und der üble Leumund des zweimal vorbestraften Ehemanns ihr zugerechnet werden müsse, da er nach Lage der Verhältnisse offenbar auf den Geschäftsbetrieb der Ehefrau Einfluß übe. Der Beschluß war formgerecht und mit der vorschriftsmäßigen Beschwerdebelehrung versehen.

Innerhalb der vierzehntägigen Beschwerdefrist kam ein von Rosa Huber unterzeichnetes Schreiben in den Einlauf des Stadtrats mit der Anschrift: „An die bayerische Landesverwaltung“ und folgendem Inhalte:

„Gegen den Beschluß vom 7. Dezember 1924 erhebe ich Einspruch und bitte mir die Genehmigung zum Trödelhandel zu geben.“

Der Stadtrat legte die Akten der Regierung, Kammer des Innern, mit dem Bericht vor, daß mit der „Landesverwaltung“ wohl die Regierung gemeint sei, daß aber die Beschwerde gemäß Art. 32 Abs. 1 des Verwaltungsgerichtsgesetzes in der Fassung vom 7. März 1924 ohne weiteres in geheimer Senatssitzung werde zurückgewiesen werden müssen, weil die Beschwerde die vorgeschriebene Rechtfertigung vermissen lasse.

Am 15. Januar 1925 kam noch ein Schriftsatz des unterdessen von Josef und Rosa Huber bevollmächtigten Rechtsanwalts Y. in X. in den Regierungseinlauf, worin Folgendes ausgeführt ist:

Die Strafe vom 1. Februar 1900 komme, weil sie 25 Jahre zurückliege, nicht mehr in Betracht, außerdem stehe die damals dem J. Huber zur Last gelegte strafbare Handlung mit dem Betriebe des Trödelhandels in keinerlei Wechselbeziehung, jene vom 6. Dezember 1923 aber deswegen nicht, weil sie durch einen Gnadenakt beseitigt sei. Jedenfalls könnten aber jene Straftaten des Ehemanns der gänzlich unbescholtenen Rosa Huber nicht angerechnet werden, welche sich von ihrem Mann nichts dreinreden lasse. Übrigens sei das vom Polizeisenat ausgesprochene Verbot wohl überhaupt unzulässig und zwar gegenüber beiden Eheleuten, weil Flaschen, Lumpen und Knochen gar nicht zu den in § 35 Abs. II der Reichsgewerbeordnung aufgeführten Gegenständen des Trödelhandels gehörten. Es seien also sowohl der Beschluß vom 7. Dezember 1924 als auch jener vom 15. Januar 1924 zu Unrecht ergangen, weshalb sich der Antrag rechtfertige:

„Entweder gemäß § 35 Abs. VI der Reichsgewerbeordnung dem Josef Huber die Wiederaufnahme seines Betriebes zu gestatten oder den Beschluß des Polizeisenats vom 7. Dezember 1924 aufzuheben und im letzteren Falle der Stadtgemeinde X. die Kosten des Verfahrens zu überbürden."

Aufgabe: Alle vorstehend berührten Rechtsfragen sind zu würdigen. Ein förmlicher Senatsbescheid ist erlassen.

10. Aufgabe.

(Arbeitsfrist 5 Stunden.)

Die sogenannten Mooswiesen rechts vom Aubach und zu beiden Seiten des Mühlbaches in den Steuergemeinden Haar und Haus, Bezirksamts Felden, leiden infolge des hohen Grundwasserspiegels und des häufigen Austritts der in vielen Windungen träg hinfließenden beiden Bäche an Versumpfung und Versauerung, bringen nur minderwertige Erträge und sind schwer zu bewirtschaften. Von einzelnen Grundbesitzern früher da und dort unregelmäßig angelegte Gräben haben sich als unzweckmäßig erwiesen, in regenreichen Zeiten sogar die Überschwemmung und Versumpfung des Gebietes durch Aufnahme von Rückstauwasser der Vils begünstigt.

Auf Antrag von 10 Grundbesitzern arbeitete das Kulturbauamt K. einen Bauentwurf aus, der die Absenkung des Grundwassers durch Ableitung des Grund- und Quellwassers in einem geordneten leistungsfähigen Grabennetz in den zu regulierenden z. T. auch tiefer zu legenden Mühl- und Aubach sowie in die Vils vorsieht. Die Vils ist Staatsprivatfluß, der Mühlbach steht im Eigentum des Sekretärs a. D. Riß in Haus, der Aubach im Eigentum der Uferangrenzer.

Den vom 8. Mai 1924 datierten Entwurf leitete das Kulturbauamt mit den nötigen Unterlagen insbesondere einer Wirtschaftlichkeitsberechnung, die bei Ausführung des Unternehmens einen zwei- bis dreifachen Ertrag der Grundstücke in Aussicht stellt, namens der Antragsteller zur weiteren Behandlung und Bildung einer öffentlichen Wassergenossenschaft dem örtlich zuständigen Bezirksamt Felden zu. Nach dem Entwurfe sind an dem Unternehmen 90 Grundeigentümer mit 120 ha Fläche aktiv, 20 passiv beteiligt; unter letzteren befinden sich auch einige, die zugleich aktiv beteiligt sind.

Das Bezirksamt beraumte Verhandlungstagfahrt auf 20. Oktober 1924 in die Schloßbrauerei zu Haus an und lud die ermittelten Beteiligten dazu schriftlich, die etwa sonst beteiligten durch rechtzeitiges Ausschreiben im Amtsblatt nach Art. 181 W.G.

Nach umständlicher mitunter sehr erregter Verhandlung, die zunächst mit Zustimmung des Vertreters des Kulturbauamts aus Gründen der Verbilligung zur Ausscheidung eines Komplexes von 15 ha mit 20 aktiv beteiligten Eigentümern aus dem Unternehmen führte, sprachen sich schließlich in schriftlicher Abstimmung 34 Beteiligte mit 60 ha Grundfläche für die Durchführung des Unternehmens in dem beschränkten Umfange und für die Bildung einer öffentlichen Genossenschaft mit allenfallsiger zwangsweiser Beiziehung der Widersprechenden aus. 20 Beteiligte waren weder erschienen noch vertreten, 6 hatten sich vor der Abstimmung entfernt, 10 mit 15 ha beteiligter Fläche ausdrücklich dagegen gestimmt.

Nachdem noch die vom Verhandlungsleiter im wesentlichen nach der ministeriellen Mustersatzung entworfene und bekannt gegebene Satzung der „Wassergenossenschaft Haus zur Entwässerung der Mooswiesen und Regulierung des Mühl- und Aubachs“ angenommen und die genossenschaftlichen Organe gewählt waren, wurde wegen vorgerückter Zeit die Verhandlung über die Einwendungen der aktiv und passiv Beteiligten auf den nächsten Vormittag 8 Uhr vertagt nnd dies den Anwesenden eröffnet.

Mit den vom Vertreter des Staatsärars wegen Einleitung des Entwässerungsgrabens E—G in die Vils gestellten Bedingungen a—e erklärte sich der Genossenschaftsvorstand einverstanden; die Benützung der Vils wurde gebührenfrei zugestanden.

Als Hauptgegner kam am 21. Oktober zunächst der Bauer Max Maier von Haar zum Wort, der bereits am Vortag bei der allgemeinen Aussprache das genossenschaftliche Unternehmen in scharfer und gehässiger Weise als unzweckmäßig und zu teuer bekämpft hatte. Er soll mit den beiden in der Steuergemeinde Haar gelegenen Wiesen Pl.-Nr. 89 a zu 1,3 ha und 89 b zu 2,4 ha, in denen zugleich ein Hauptentwässerungsgraben vorgesehen ist, der Genossenschaft beitreten. Er weigerte sich dessen entschieden, erklärte, die Wiesen seien jetzt schon nicht besonders feucht, sie hätten eine Entwässerung nicht nötig, er würde durch eine solche nur geschädigt, denn er brauche auch die Wiesen zur Streunutzung, das Geld für die Entwässerung sei zum Fenster hinausgeworfen. Er dulde auch nie die Anlage des geplanten Entwässerungsgrabens, durch den er an nutzbarer Fläche verliere und in der Bewirtschaftung gehindert wäre.

Der amtliche Sachverständige Kulturbauamtmann N. bemerkte hiezu auf Diensteid: Zweck des genossenschaftlichen Unternehmens ist die Entwässerung von über 100 ha Kulturland zur besseren Bewirtschaftung. Bei ordnungsmäßiger Ausführung und Instandhaltung der Anlage ist eine dauernde wesentliche Verbesserung von Grund und Boden und leichtere Bewirtschaftung der Grundstücke, somit ein Vorteil für das allgemeine Wohl oder doch die Allgemeinwirtschaft verbunden. Die in das Unternehmen einbezogenen Flächen können nach Ausführung desselben durch entsprechende Düngung und Pflege zu Höchsterträgen gebracht werden. Nebenbei dient es auch der Regulierung der zugleich als Vorfluter auszunützenden beiden Bäche. Die Vorteile des Unternehmens kommen zweifellos auch den beiden Wiesen des Maier zugut, denn sie liegen inmitten des Entwässerungsgebiets, leiden wie die übrigen an stauender Nässe und sind mehr Moosgründe, die in den tieferen Lagen fast nur der Streunutzung dienen, sonst sind es dürftige Futterwiesen mit sauerem Gräserbestand. Wenn Maier den bisher zu Streunutzung benützten Teil umbricht und entsprechend düngt, gewinnt er Ackerland, von dem er neben dem Körnerertrag noch Stroh zum Einstreuen bekommt. Von einem Schaden durch das Unternehmen kann im ganzen keine Rede sein und wenn ja durch die Anlage des Entwässerungsgrabens auf dem unbedeutendem Teil, den der Graben auf den beiden Wiesen des Maier in Anspruch nimmt, nutzbare Fläche verloren geht, wird dafür Entschädigung geleistet, nötigenfalls auch ein Überfahrtsbrückchen hergestellt. Im ganzen aber wird der Nutzen, den die Grundstücke aus dem Unternehmen ziehen, einen etwa auf anderer Seite entstehenden Schaden weit überwiegen. Dem größeren oder geringerem Grade dieses Nutzens kann durch entsprechende Einreihung der einzelnen Flächenteile in die verschiedenen Zahlungsklassen Rechnung getragen werden. Die beiden Wiesen sind so gelegen, und beschaffen, daß das Unternehmen wirtschaftlich und technisch auf ihre Einbeziehung angewiesen ist. Würden sie weggelassen, so wäre das ganze Unternehmen in Frage gestellt oder doch wesentlich erschwert und verteuert, während sie aus der Entwässerung des umliegenden Gebiets und der Bachregulierung, die auch bei ihnen eine Absenkung des Grundwasserspiegels und Verminderung der Überschwemmungen zur Folge hätte, doch Nutzen ziehen würden.

Von den übrigen zum Anhang Maiers gehörigen Widersprechenden brachten 6 ähnliche Einwendungen wie dieser vor, 3 nahmen ihren Widerspruch zurück; ebenso fanden 7 Einsprüche durch die Einigung mit der Genossenschaft ihre Erledigung.

Mit dem Bericht, daß später wohl noch mehr Wider- und Einsprüche wegfallen würden, zur Erlangung von Staats- und Kreiszuschüssen und zur Weiterführung der Verhandlungen die Genossenschaft jedoch baldmöglichst die Rechtsfähigkeit erhalten sollte, legte das Bezirksamt die Akten der Regierung in X. mit der Bitte vor, der Genossenschaftssatzung die Genehmigung zu erteilen. Dies geschah mit Reg.-Entschl. vom 10 November 1924. Darin wurde das Bezirksamt zugleich angewiesen, noch die nach Art. 183 W.G. erforderlichen Eröffnungen zu machen und weiterhin auf eine gütliche Erledigung der noch bestehenden Wider- und Einsprüche hinzuwirken.

Auf die Eröffnungen wurde rechtzeitig ein Wiedereinsetzungsantrag gestellt, vom Bezirksamt jedoch als unbegründet abgewiesen.

Während in den weiteren Tagfahrten die übrigen Wider- und Einsprüche sämtlich zurückgezogen wurden, führten die

Verhandlungen mit Maier zu keinem Erfolg. Er zeigte sich unbelehrbar und blieb auf seinen Weigerungen und Behauptungen bestehen. Die Genossenschaft beantragte daher in der letzten Tagfahrt vom 30. Mai 1925 seine zwangsweise Beiziehung mit den beiden Wiesen und deren Belastung mit der Dienstbarkeit der Grabenanlage, endlich die erforderliche wasserpolizeiliche Erlaubnis für das genossenschaftliche Unternehmen und seine Anlagen.

In dieser Tagfahrt war ungeladen auch der Söldner Xaver Güll von Haar erschienen, um namens seiner Ehefrau Anna Güll, von der er Vollmacht vorlegte, wegen der Beiziehung der Pl.-Nr. 88 Steuergemeinde Haar zu 0,9 ha und der Grabenanlage darauf „Widerspruch zu erheben“ und „zwar ebenso und aus denselben Gründen wie Maier bezüglich der angrenzenden Pl.-Nr. 89a und b“; denn beide Grundstücke wiesen gleiche Verhältnisse auf. Seine Frau verweigere auch jede Beitrags- und Sachleistung zur Genossenschaft.

Der Vertreter der Genossenschaft trat dem entgegen, denn der Widerspruch hätte, wie im Amtsblatt ausgeschrieben worden sei, in der Tagfahrt vom 20./21. Oktober erhoben werden müssen; jetzt sei es zu spät. Auch habe Xaver Güll, der von der damaligen Tagfahrt weggeblieben sei, damit bereits zugestimmt und das genüge.

Xaver Güll gab zu, trotz erfolgter schriftlicher Ladung in der genannten Tagfahrt weder erschienen noch vertreten gewesen zu sein, er habe auch, weil er für seine Person kein Gegner des Unternehmens sei, sich bei der Eröffnung des Bezirksamts über die Folgen seines Wegbleibens beruhigt, doch wolle seine Frau, vom Nachbar Maier beeinflußt, von der Genossenschaft nichts wissen und weil sie in der ersten Verhandlung nicht anwesend und dazu nicht geladen gewesen sei, ihren Standpunkt heute zur Geltung bringen.

Der Verhandlungsleiter stellte aus den Akten fest, daß die Eheleute Güll nach amtsgerichtlicher Bestätigung in allgemeiner Gütergemeinschaft leben und im Beteiligtenverzeichnis als Besitzer der Pl.-Nr. 88 eingetragen sind, daß aber die Ladung der Anna Güll zur ersten Tagfahrt aus augenblicklich nicht feststellbaren Gründen tatsächlich unterblieben sei. Er lasse Güll vorsorglich zur Verhandlung zu; ob mit Recht oder Unrecht werde dann schon die Regierung entscheiden.

Der Sachverständige des Kulturbauamts erklärte, es sei über den Einbezug der Pl.-Nr. 88 in die Genossenschaft und die Durchführung des Entwässerungsgrabens dasselbe zu sagen wie über die Nachbargrundstücke Pl.-Nr. 88a und b des Maier. Der Genossenschaftsvertreter beantragte auch hier vorsorglich zwangsweise Beiziehung und Belastung mit der Dienstbarkeit der Grabenanlage.

Auf die neuerliche Vorlage der Akten durch das Bezirksamt beraumte die Regierung, Kammer des Innern, von X. öffentliche mündliche Verhandlung vor dem II. verwaltungsrechtlichen Senat auf heute an und lud dazu die Genossenschaft, Max Maier und Anna Güll sowie den Kulturbaureferenten der Regierung. In der Sitzung erschienen jedoch nur, Vollmacht des Genossenschaftsvorstands vorlegend, dessen Vorsitzender Lang, der Bauer Max Maier und der geladene Sachverständige.

Zum Worte zugelassen, hielt Maier seinen bisherigen Standpunkt aufrecht und bemerkte außerdem:

Mein leider am Erscheinen verhinderter Rechtsanwalt machte mich darauf aufmerksam, daß in der Gründungstagfahrt am 20. Oktober sich nicht die im Art. 149 W.G. geforderte Mehrheit für die Genossenschaftsbildung gefunden hat, so daß allen daran geknüpften Folgerungen und Zwangsmaßnahmen der Genossenschaft der Rechtsboden fehlt. Sollte ich gleichwohl zum Beitritte gezwungen werden, so möge der Senat mich wenigstens in die niedrigste Zahlungsklasse einreihen und mir für den Wassergraben eine Entschädigung von mindestens 500 ℳ zusprechen sowie die Schadloshaltung für alle Zeitversäumnis und Auslagen, die ich in der Sache gehabt habe.

Lang beantragte, den genossenschaftlichen Anträgen stattzugeben und Maier und Güll „kostenfällig zu verurteilen", denn man könne doch nicht verlangen, daß die Genossenschaft für ihre Mühe und gemeinnützige Arbeit auch noch die durch ihre widerspenstigen und boshaften Gegner verursachten Kosten trage. Auch könne von einem Schaden und Schadenersatz von 500 ℳ oder mehr keine Rede sein.

Der Kulturbaureferent erklärte, er habe das Genossenschaftsgebiet bereist und besichtigt und müsse die Ausführungen des Kulturbauamts in jeder Beziehung als zutreffend bezeichnen. Eine mit dem genossenschaftlichen Unternehmen im Sinne des Art. 192 W.G. konkurrierende Anlage bestehe nicht, auch seien Beteiligte im Sinne des Art. 19 Abs. III W G. nicht vorhanden, ebensowenig stünden Belange des Gemeinwohls der Wasserableitung und Bachregulierung entgegen, wenn die Anlage plangemäß ausgeführt und unter Aufsicht des Kulturbauamts unterhalten werde.

Die für die Einleitung des Entwässerungsgrabens E—G in die Vils gestellten und von der Genossenschaft angenommenen Bedingungen a—e trügen allen Rücksichten Rechnung. Das Unternehmen könne in 2 Jahren ausgeführt werden. Da Maier das Zustandekommen eines gültigen Mehrheitsbeschlusses in Abrede stelle, wolle er noch hervorheben, daß der Hauptzweck der Genossenschaft die Entwässerung sei, der gegenüber die Regulierung des Au- oder Mühlbaches, die aber auch wieder hauptsächlich der Entwässerung diene, in jeder Beziehung eine untergeordnete Rolle zukomme. Die von Maier verlangte Entschädigung von 500 ℳ für die Duldung des Wassergrabens sei stark übertrieben.

Der Berichterstatter des Senats stellte aus den Akten noch fest, daß die Fischereiberechtigten sowie der Kreisfischereirat zur Sache gehört wurden, Einwendungen jedoch nicht erhoben haben.

Aufgabe:

Unter Weglassung des Tatbestandes ist der Senatsbescheid zu entwerfen; dabei ist, soweit der Tatbestand nicht Gegenteiliges ersehen läßt, anzunehmen, daß die Verfahrensvorschriften eingehalten worden sind.

MIX

Papier | Fördert gute Waldnutzung

FSC® C083411

Kolibri 360 GmbH
Ferdinand-Jühlke-Straße 7
99095 Erfurt, Deutschland
produktsicherheit@kolibri360.de